茶艺师职业技能等级认定学习考试教程（三级）

刘晓芬　张祥鸿　主编

天津大学出版社
TIANJIN UNIVERSITY PRESS

图书在版编目(CIP)数据

茶艺师职业技能等级认定学习考试教程：三级/刘晓芬，张祥鸿主编，--天津：天津大学出版社，2023.3
ISBN 978-7-5618-7427-1

Ⅰ.①茶… Ⅱ.①刘… ②张… Ⅲ.①茶艺－中国职业技能－鉴定－教材 Ⅳ.①TS971-21

中国国家版本馆CIP数据核字(2023)第061160号

出版发行	天津大学出版社
地　　址	天津市卫津路92号天津大学内（邮编:300072）
电　　话	发行部:022-27403647
网　　址	www.tjupress.com.cn
印　　刷	北京虎彩文化传播有限公司
经　　销	全国各地新华书店
开　　本	787mm×1092mm　1/16
印　　张	8.75
字　　数	218千
版　　次	2023年3月第1版
印　　次	2023年3月第1次
定　　价	65.00元

丛书编委会

本册编委会（三级）

主　编：刘晓芬　张祥鸿

副主编：何媛媛　田　杨

参　编：毕　露　芦　珉

主　审：龚道敏

前　言

中国特色社会主义进入新时代，国民经济和社会各项事业呈现出蓬勃发展的强劲势头。在国家职业资格等级认定改革的大潮下，中国茶艺进入前所未有的加速发展期。人力资源和社会保障部于 2019 年 1 月颁布了新版《国家职业技能标准——茶艺师》（简称“新标准”）。2020 年 12 月，中华人民共和国成立后的第一届全国职业技能大赛在广州举办，茶艺赛项被列为本次国家级比赛的精选项目之一。为更好地传承中华茶艺这一国粹，培养出更多的技能型茶艺人才，满足职业院校、茶企行业以及社会大众的教学、评价、自学需求，依据茶艺师评定“新标准”，结合中华茶艺时代新特点，我们编写了本书。

这是一本以活页形式呈现的茶艺教材，在内容编排上将茶艺师三级的所有技能考核点列为单个学习任务，达到开卷即可看标准的目的，同时融入了 2020 年中华人民共和国第一届全国职业技能大赛茶艺赛项的比赛规范。

全书按照“以学习者为中心、以学习成果为导向、注重培养技术技能人才的综合素质”的理念设计教材体例。在学习导图的引领下，将每小节的知识点列为一个任务单，任务单由五部分组成，包括案例导入、知识链接、实操练习、考核标准、学习总结（学生自主完成）。其中，案例导入的素材全部来自茶企一线，体现了教材与行业的密切联系；知识链接主要讲解该部分内容涉及的概念、实操程序及规范等；实操练习、考核标准及学习总结则是让学习者动手完成实操内容，之后自行评估或相互评估，并对学习内容进行梳理总结。

全书由刘晓芬、张祥鸿老师担任主编，刘晓芬老师负责统稿工作，由恩施州教科院院长、正高级教师龚道敏同志担任主审。参与编写的人员有：湖北艺术职业学院旅游学院刘晓芬老师，湖北省鹤峰县中等职业技术学校张祥鸿老师、田杨老师，恩施职业技术学院毕露老师、芦珉老师，武汉生物工程学院何媛媛老师。在编写过程中，我们得到了吴裕泰王府井茶馆、武汉三生茶事、宜兴陶雅阁、武汉市云初茶叶有限公司、武汉市德坤茶社的大力支持，这些茶企为本书提供了大量素材。此外，本书中的部分插图由湖北美术学院研究生刘雨及邓爽同学完成，在此一并致谢。

本书在编写过程中参考和引用了许多国内学者的成果，在此深表谢意。由于编者水平有限，本书内容存在不妥之处在所难免，敬请广大读者批评指正。

编　者

2023 年 1 月

目　　录

1

接待准备

1.1 礼仪接待

学习导图

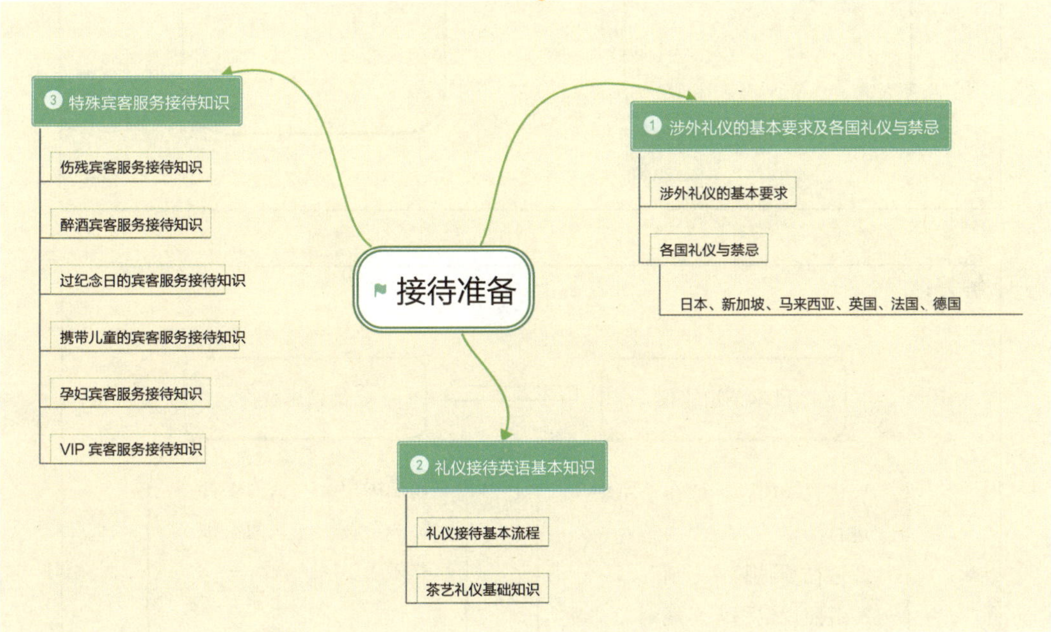

接待准备
① 涉外礼仪的基本要求及各国礼仪与禁忌
涉外礼仪的基本要求
各国礼仪与禁忌
日本、新加坡、马来西亚、英国、法国、德国
② 礼仪接待英语基本知识
礼仪接待基本流程
茶艺礼仪基础知识
③ 特殊宾客服务接待知识
伤残宾客服务接待知识
醉酒宾客服务接待知识
过纪念日的宾客服务接待知识
携带儿童的宾客服务接待知识
孕妇宾客服务接待知识
VIP 宾客服务接待知识

1.1.1 涉外礼仪的基本要求及各国礼仪与禁忌

茶艺人员为表达对各国茶文化的尊重,避免在接待不同国家宾客时产生不必要的麻烦,应熟知各国基本的茶艺礼仪与茶文化禁忌。

【案例导入】某日小田接待了两位来自日本的宾客,在引导宾客入座时刻意避开有荷花图案及绿色茶具的茶室,这样细心的举动得到了日本宾客的褒奖。案例中小田为何这样选择?请查阅相关资料分析为何“绿色”和“荷花”在日本茶道中需特别注意。

(学生解答)

日本茶道礼仪 → 禁忌讲究

解答:

日本茶道礼仪 → 禁忌讲究

日本茶道礼仪:

1. 讲究场所,一般在茶室中进行
2. 遵循“四规”“七则”
3. 遵照规定程序与规则

禁忌讲究:

1. 忌绿色——认为不祥
2. 忌荷花——认为不被尊敬

【知识链接】

（一）涉外礼仪的基本要求

尊重为本

通过茶礼的各种形式向他人传递出尊重对方的信息，并且做到在尊重他人的同时尊重自己。

善于表达

在接待外国宾客时，强调接待三声——“来有迎声，咨询有答声，去有送声”，留给宾客服务热情周到的感受。

入乡随俗

了解和尊重外宾在衣食住行、言谈举止、待人接物等方面所特有的讲究与禁忌。不能妄加非议，不能以我为尊、我行我素。

（二）各国礼仪与禁忌

1. 日本

日本茶道讲究遵循“四规”“七则”。四规指“和、敬、清、寂”，乃茶道之精髓。“七则”指的是：提前备好茶，提前放好炭，茶室应保持冬暖夏凉，室内要插花保持自然清新的美，遵守时间，备好雨具，时刻把客人放在心上。

【禁忌 1】忌绿色——认为不祥

不同国家的风俗习惯是不一样的。绿色在我国象征着积极向上的生活态度，是植物的颜色，同时也寓意着生命。但是在日本情况是大不相同的，日本人大部分都信奉佛教，最忌讳的就是绿色，认为它不祥，可能还会扰乱日常生活和工作。因此，在服务日本宾客时应注意不要选用绿色茶具。

【禁忌 2】忌荷花——认为不被尊重

荷花被日本人视为丧花，因此无论是茶具、茶室布置还是服饰都应避免荷花图案。

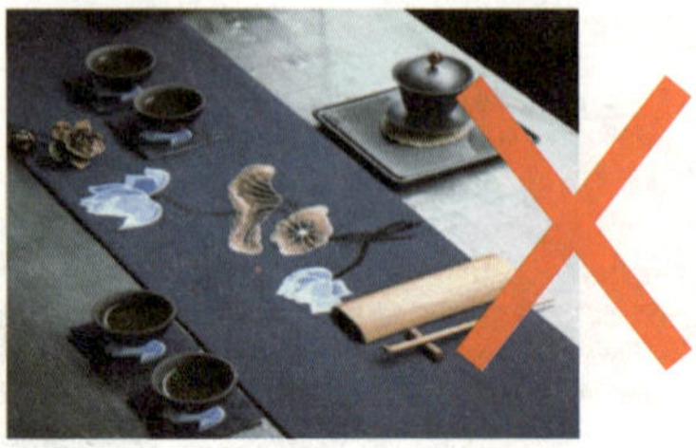

2. 新加坡

新加坡的茶文化中不仅有传统中国茶、英国下午茶,而且还有一种独特的新加坡茶艺——长茶。所谓“长茶”,就是在泡好的红茶拌入适量的牛奶,形成一种奶茶,而喝这种“长茶”往往是为了在吃自助点心时调节味觉,饮茶本身并不是主要目的。

【禁忌1】忌紫色、黑色、白色、黄色

新加坡人视紫色、黑色为不吉利,黑、白、黄三色为禁忌色,因此在接待新加坡宾客时应注意避开这四种颜色。

【禁忌2】忌谈宗教与政治

新加坡人忌谈宗教与政治方面的内容,此外,在沟通过程中不能讲“恭喜发财”之类的话,因为他们认为这句话有教唆别人发横财之嫌,是在挑逗、煽动他人做对社会和他人有害的事。

3. 马来西亚

【禁忌】忌黄色、黑色

马来西亚人忌用黄色,且认为单独使用黑色是消极的。因此,在茶艺服务中要注意茶具色彩的选择。

4. 英国

英国茶艺礼仪精致且考究,内容也极其丰富。主要包括以下几个方面。①喝下午茶的时间是下午四点;②每年在白金汉宫的正式茶会,男性来宾身着燕尾服、戴高帽及手持雨伞,女性则穿洋装且戴帽子;③通常由女主人着正装亲自为客人服务;④一般来讲下午茶的专用茶为祁门红茶、大吉岭与伯爵茶、锡兰红茶,若是喝奶茶,则先加牛奶再加茶;⑤茶具精致。饮茶之风不仅在英国宫廷内盛行,王公贵族和贵豪世家乃至普通百姓都以饮茶为风俗。

【禁忌】忌百合

忌讳百合花，茶艺服务人员在品茶环境的布置上要注意这一点。

5. 法国

法国人最爱饮的是红茶、绿茶、花茶和沱茶。饮红茶时，习惯于采用冲泡或烹煮法，类似于英国人饮红茶的习俗。通常取一小撮红茶或一小包袋泡红茶放入杯内，冲上沸水，再配以糖或牛奶和糖；有的地方，也有在茶中拌以新鲜鸡蛋，再加糖冲饮的；还有流行饮用瓶装茶水时加柠檬汁或橘子汁的；还有人会在茶水中掺入杜松子酒或威士忌酒，做成清凉的鸡尾酒饮用。法国人饮绿茶，要求绿茶必须是高品质的。饮绿茶的方式与西非饮绿茶的方式一样，一般要在茶中加入方糖和新鲜薄荷叶，做成甜蜜透香的清凉饮料饮用。

【禁忌】忌黄色花

法国人忌讳黄色的花，茶艺师对此要特别注意。

6. 德国

德国人喝“花茶”，这种花茶是用各种花瓣加上苹果干、山楂干等果干制成的，里面一片茶叶也没有，真正是“有花无茶”。饮花茶时需放糖，不然因花香太盛，会有股酸涩味。德国人也买中国茶叶，但居家饮茶是用沸水不断地冲放在细密的金属筛子上的茶叶，冲下的茶水通过安装于筛子下的漏斗流到茶壶内，之后再将茶叶倒掉。

接待德国客人时，需等客人坐定后茶艺人员才能坐下；送别德国客人时，要让客人自己开门，否则易使客人误解在对他们下逐客令。

【禁忌】忌核桃,忌玫瑰

德国人忌吃核桃,忌讳玫瑰花,所以不要向德国宾客推荐玫瑰类的花茶。准备茶点时不要摆核桃。

【实操练习】请结合本节内容搭配适合不同国家的茶品、茶具及茶席。

【考核标准】

项目	分值	要求和评分标准	扣分细则	扣分	得分
涉外礼仪基本要求	10	尊重为本、善于表达、入乡随俗	1. 不尊重不同文化,扣 10 分; 2. 表述词不达意,扣 3 分; 3. 其他因素扣分		
日本礼仪与禁忌	15	遵守“四规”“七则”,忌绿色,忌荷花	1. 茶席、茶具、茶服绿色元素明显且多,扣 5 分; 2. 茶席、茶具、茶服有明显荷花样式,扣 5 分; 3. 其他因素扣分		
新加坡礼仪与禁忌	15	忌紫色、黑色、黄色、白色,忌谈宗教与政治	1. 茶席、茶具以紫色、黑色、黄色、白色为主,扣 5 分; 2. 交谈过程中涉及宗教与政治,扣 5 分; 3. 其他因素扣分		
马来西亚礼仪与禁忌	15	忌黄色、黑色	1. 茶席、茶具以黑色、黄色为主,扣 5 分; 2. 其他因素扣分		
英国礼仪与禁忌	15	忌百合	1. 茶席、茶具及装饰出现百合元素,扣 5 分; 2. 其他因素扣分		
法国礼仪与禁忌	15	忌黄色花	1. 茶席、茶具出现黄色花样式,扣 5 分; 2. 其他因素扣分		
德国礼仪与禁忌	15	忌核桃,忌玫瑰	1. 茶点摆放核桃,扣 5 分; 2. 茶席、茶具有玫瑰样式,扣 5 分; 3. 其他因素扣分		

【学习总结】

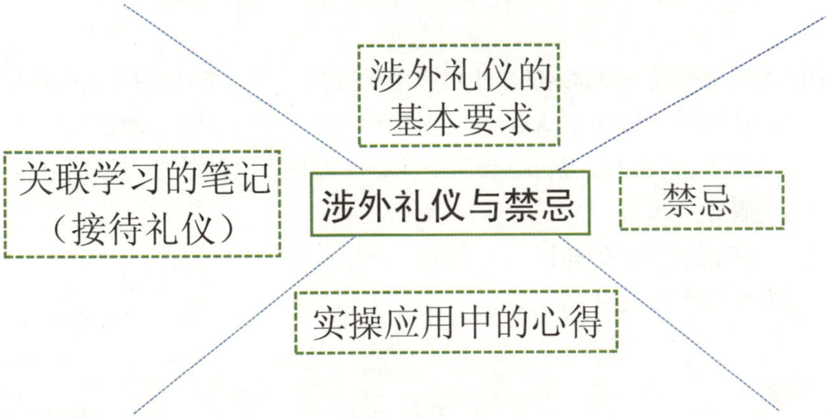

1.1.2　礼仪接待英语基本知识

茶是中国人最为喜爱的饮品，亦为外宾所乐于接受。在商务场所接待来访者，茶水是必备的饮品之一，专门举行茶会招待来宾也是谈判活动中经常采用的一种接待形式。沏茶前，可事先征求客人意见，是喜欢红茶、绿茶还是花茶。根据外宾的饮茶习惯为其推荐产品，完成外宾茶艺接待服务。

【案例导入】英语接待基础知识。

【情景1】当外国客人来到大门前

1. This way, please. I'll show you to the table.
请这边走。我带您到茶座处。
2. Follow me, please!
请跟我来！

【情景2】当带领宾客至某处时

1. Good morning, Mr./Ms, welcome!
先生/女士，上午好，欢迎您！
2. Good afternoon, welcome to ×× Teahouse!
下午好，欢迎来××茶馆！
3. How many people are there?
请问您一共几位？

【情景3】当宾客需要帮助时

1. What can I do for you, sir? / Can I help you, please?
先生，我能为您做些什么？/ 我可以帮您吗？
2. Here is the drink list. Would you like something to drink?
这是饮品单。您想喝点什么？
3. We have green tea, black tea, scented tea and so on. Which one would you like?
我们有绿茶、红茶和花茶等等。您想喝哪一种？
4. You've ordered a pot of scented tea and a pot of Dragon Well.
您点了一壶花茶和一壶龙井茶。

【情景 4】当宾客询问洗手间（或其他位置）在哪里时

宾客：Where is the toilet/restroom, please?

请问洗手间怎么走？

回答：Please turn left/right at the corner.

请在角落向左/右转。

或：Let me show you/guide you there.

让我带您去。

【情景 5】当没听明白宾客所说的话时

I'm sorry , I beg your pardon? / Could you say it again , please?

不好意思，您说什么？/ 我没听清，您能再说一遍吗？

【情景 6】当宾客向你表示谢意时

宾客：Thank you! / Thanks a lot!

感谢！

回答：My pleasure!/ You' re welcome!

我的荣幸！/不客气！

【知识链接】

(一)礼仪接待基本流程

情景对话:接待流程 Working Procedure

Waiter: Good afternoon, welcome to Dekun Teahouse!

Guest: Good afternoon!

Waiter: How many people are there?

Guest: We are a group of 4.

Waiter: This way, please. I' ll show you to the table.

Guest: Great.

Waiter: Here is the drink list. Would you like something to drink?

Guest: Yes, this is our first time to taste Chinese tea. Can you recommend something?

Waiter: My pleasure. We have green tea, black tea, scented tea and so on. Which one would you like?

Guest: How about scented tea?

Waiter: Of course, it' s great. It is very suitable for ladies. It smells very good. If you drink it for a long time, it has the effect of beauty.

Guest: Really? A pot of scented tea for two ladies and we' d like to have a taste of Dragon Well, I heard it' s one of the most famous teas in China.

Waiter: Yes. Dragon Well, a famous green tea produced in Hangzhou! Anything else?

Guest: No, thank you.

Waiter: OK. You' ve ordered a pot of scented tea and a pot of Dragon well. Am I right?

Guest: Great.

Waiter: Wait a moment, please. The tea sommelier will serve tea for you.

Greeting
(问候)

↓

Find a table for guests and give them the drink list
(领位并给茶水单)

↓

Take the order
(点单)

↓

Make some recommendations
(推荐茶品)

↓

Repeat the order and confirm it
(重复点单并确认)

(二)茶艺礼仪基础知识

茶艺礼仪:叩手礼(Sign Language)

What does this gesture mean? 这个手势是什么意思?

As a sign of respect. 是显示尊重的手势。

Why is that? 为什么会这样?

Well, the legend comes from the time of Qianlong who is one of the greatest emperors in the last dynasty. And he had gone out with his retainers to tour the country incognito. 这个传说源自乾隆时期,乾隆是末代最伟大的皇帝之一。他曾与大臣一同出巡微服寻访整个国家。

In disguise? 乔装出巡吗?

Exactly. And when he poured tea or gave some food to some of his retainers, they couldn't bow without revealing his identity. So they did this, that's the legend. 正是如此，在他为大臣们倒茶或是递食物的时候，大臣们若鞠躬感谢就会暴露皇帝的真实身份。所以他们就这样做，这就是其背后的传说。

Wow. 哇哦。

So, you see people doing that all the time. 所以你总可以见到人们这样做。

Yes, all the time. 没错，总是这样。

【实操练习 1】

你问我答 Questions and Answers

I'd like to taste Chinese tea, do you have any suggestions?
我想品尝一下中国茶，你能给一些建议吗？

____

Can you tell me something about Chinese tea culture?
你能介绍一些有关中国茶文化的内容吗？

____

What does this gesture mean?
这个手势是什么意思？

____

【实操练习 2】

请利用手机 APP“翻译官”或“有道词典”补充各类茶品的英文表达。可分小组比拼哪一组的茶品词库最丰富。

Pu’er tea 普洱茶　　　　honeysuckle tea 金银花茶

【考核标准】

项目	总分值	评分内容	加分细则	分值	得分
礼仪接待英语表达理解	100	1. 6 种茶品	能流利表述 6 种茶品(1 种 2 分)	12	
		2. 8 个服务功能句	能流利表达 8 句服务用语(1 句 3 分)	24	
		3. 接待外宾的 5 个服务流程	表述 5 个流程逻辑清晰流畅(1 个流程 4 分)	20	
		4. 用 9 个句子表述中国茶文化	表述 9 个句子清晰流畅(1 个句子 3 分)	27	
		5. 叩手礼的简单表述	英文简单表述	6	
		6. 工匠精神的表述	英文简单表述	5	
		7. 实操练习之你问我答	3 个回答 1 个 2 分	6	
		8. 创意无限	1 个 1 分	5	
总分(不含创意无限评分项):全部用英文表述满分为 100 分;全部用中文表述满分为 50 分					

【学习总结】

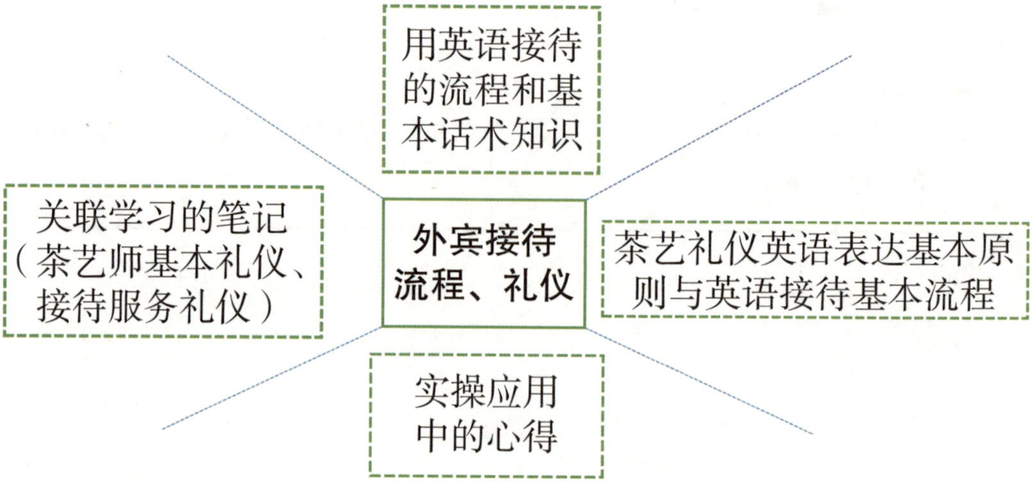

1.1.3　特殊宾客服务接待知识

接待过程中经常会遇到VIP客户、残障人士、孕妇或带小孩的宾客，如何更体贴细致地做好接待服务，对于茶艺人员来说也是需要重点学习的知识点。

【案例导入】某日小于接待了一位孕妇及其4岁大的孩子，在接待过程中小于贴心地为这位孕妇准备茶点，仔细查看茶点中有无孕妇忌用品，并为其安排腰部有靠背且舒服的座位，在地面易滑处进行搀扶，避免其摔倒；给小孩提供小玩具供其玩耍，给他小零食进行安抚，并且保证其玩耍场地的安全，让这位孕妇和孩子都体验了一场舒适轻松的品茶之旅。案例中小于的做法是否妥帖？请简析其为宾客安排过程中的注意点。

（学生解答）

服务孕妇

服务小孩

解答：

服务孕妇

1. 检查茶点中有无孕妇忌用品
2. 为其提供腰部有靠背且舒服的座位
3. 于地面易滑处进行搀扶

服务小孩

1. 准备小玩具
2. 准备小零食
3. 保证其玩耍场地的安全

【知识链接】

(一)伤残宾客服务接待知识

- 安顿好宾客，询问其有无特殊需求，并尽量满足。
- 对于有亲友陪同的伤残宾客，及时向其亲友了解宾客的生活习惯、对服务的要求等。
- 对待聋哑客人，应通过纸笔或比画示意弄清楚客人的需求，及时解决问题并随时关注客人。
- 对于无人陪同的伤残宾客，应做到随时征求宾客意见，提供有针对性的服务和护理。
- 与伤残宾客沟通时，应注意措辞，使用恰当的语言。
- 对待伤残宾客要做到真诚相待和充分尊重，切忌做出夸张的表情和窃窃私语。

(二)醉酒宾客服务接待知识

- 接待人员应保持理智、冷静、机警。
- 对轻度醉酒者应适时劝导，将其安置到不影响其他客人的位置就座休息，准备湿毛巾、醒酒汤帮助其恢复意识。
- 对醉酒闹事者应立即报告保安，协助保安人员将其制服，以免其干扰到其他宾客或伤害到自己。
- 如遇客人醉酒昏迷，应迅速将其送往医院，若有陪同人员应立即与其联络。
- 对醉酒客人切忌使用刺激的言语，如“您喝多了”“您喝醉了”等。

（三）过纪念日的宾客服务接待知识

- 对待过生日的宾客，应主动问候宾客“生日快乐”，可为宾客送上一份茶馆专门定制的小茶点或小礼物略表心意。
- 对于过结婚纪念日或特殊纪念日的宾客，为其安排装扮风格温馨的包间，并可推荐玫瑰花茶等寓意美好的茶水和茶点。

（四）携带儿童的宾客服务接待知识

- 准备玩具、零食等，拉近与宾客之间的距离。
- 询问儿童时语言柔和，语气轻快。
- 随时留意儿童的动向，保证其在安全的区域内玩耍。

（五）孕妇宾客服务接待知识

- 保持卫生，保证就座附近安全，照顾到孕妇关注的每个细节，让孕妇放下顾虑，安心享受。
- 特别注意洗手间卫生、走廊防滑措施等。

（六）VIP 宾客服务接待知识

- 效率优先，尽可能帮 VIP 客户节约时间，包括备茶时间等，切勿让其久等。
- 提前熟知 VIP 宾客的喜好及要求，做到事无巨细。

【实操练习】

请结合本节内容练习接待不同类型特殊宾客所需掌握的服务内容。

【考核标准】

项目	分值	要求和评分标准	扣分细则	扣分	得分
伤残宾客服务接待	20	询问特殊需要并给予满足，注意言辞，避免冲撞	1. 歧视伤残宾客，扣 10 分； 2. 无特别关照，扣 8 分； 3. 其他因素扣分		
醉酒宾客服务接待	15	理智、冷静、机警，轻度劝导、醉酒报告、昏迷送医	1. 惊慌失措，扣 5 分； 2. 对待不同程度的醉酒宾客处理不当，扣 5 分； 3. 其他因素扣分		
过纪念日的宾客服务接待	15	主动问候，推荐恰当	1. 未及时获得宾客过纪念日的信息，扣 5 分； 2. 推荐不符合宾客过纪念日的要求，扣 5 分； 3. 其他因素扣分		
携带儿童的宾客服务接待	20	准备零食玩具，保证儿童的安全	1. 未及时关注儿童游玩区域的安全问题，扣 10 分； 2. 未准备合适的零食玩具，扣 5 分； 3. 其他因素扣分		
孕妇宾客服务接待	15	安全、卫生、防滑措施	1. 未注意安全、卫生和采取适当防滑措施，扣 5 分； 2. 其他因素扣分		
VIP 宾客服务接待	15	节约时间，熟悉喜好	1. 时间把控失误，扣 5 分； 2. 混淆宾客喜好，扣 5 分； 3. 其他因素扣分		

【学习总结】

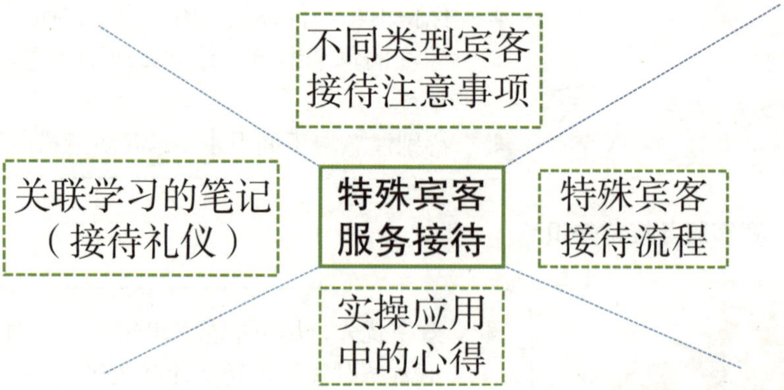

1.2 茶事准备

学习导图

- 茶事准备
  - ① 茶叶品评的方法及质量鉴别
    - 茶叶审评
    - 审评流程、术语
    - 品质鉴别
  - ② 高山茶与台地茶的鉴别方法
    - 高山茶的概念
    - 台地茶的概念
    - 高山茶与台地茶的鉴别
  - ③ 瓷器茶具的款式及特点
    - 瓷器茶具的发展和分类
      - 青瓷、白瓷、黑瓷、彩瓷
      - 瓷器茶具的款式
    - 瓷器茶具的鉴赏要素
    - 各类瓷器茶具的共性与特性
  - ④ 陶器茶具的款式及特点
    - 陶器茶具的基础知识
      - 基本内容、发展、特点、价值、壶体结构要素
    - 陶器茶具的分类
      - 按产地分
      - 按造型分
    - 陶器茶具的鉴赏要素

1.2.1　茶叶品评的方法及质量鉴别

茶叶品评的方法及质量鉴别是指通过审评校验的办法来对茶叶进行评判。其包括感官审评和理化审评两方面，感官审评是依靠人的感官来直接评判，理化审评是利用科学技术手段对茶叶内含物质进行科学分析。茶艺师在工作过程中主要采用感官审评的方法，以国家标准《茶叶感官审评方法》(GB/T 23776—2018)的技术指标为准。

【案例导入】为进一步推广当地茶文化，提高人们对茶叶品质的认识，以某地区有机绿茶“思山茗”为茶样，请用感官审评的方法对其进行审评。请你根据图片选择与茶样外形相符合的描述并填写在下表中。

(1)外形审评。请你根据图片选择与茶样外形相符合的描述并填写在下表中。

外形			
形状		色泽	
条索	细嫩、细紧、紧圆光滑、松条、扁平、挺直、卷曲	色泽	嫩绿、墨绿、黄绿、灰黄
嫩度	细嫩、粗松	茶毫	批毫、多毫、有毫
整碎度	匀整、较匀整、欠匀整	油润度	油润、鲜润
匀净度	匀净、较匀净、欠匀净		

茶样审评表					
审评人:			审评日期:		
茶类:		外形			
编号	茶名	条索	色泽	整碎度	匀净度
1					

(2)内质审评。内质审评又称“湿评”“开汤审评”，是指评茶员在视觉和触觉的基础上再利用嗅觉和味觉对茶叶内质进行评判。请根据评审结果完成以下表格。

内质		
汤色	颜色	黄绿、嫩绿、绿
	深浅	深、较深、较浅、浅
	明暗	明亮、较明亮、较暗、暗
	清浊度	清澈、透明、较清澈、较浑浊
香气	香型	嫩香、清香、栗香、豆花香
	纯异	纯、较纯、有异味
	高低	高、低
	持久度	持久、较持久、欠持久
滋味	鲜陈	鲜爽、生味、陈味
	浓淡	浓、厚、淡、柔和
	醇涩	鲜醇、甘醇、浓醇、醇厚、平淡、青涩、苦涩
叶底	嫩度	细嫩、柔嫩、肥厚、粗老、薄硬
	色泽	嫩绿、嫩黄、黄绿、暗绿
	整碎	舒展、匀整、有破张、芽叶成朵

茶样审评表					
审评人：			审评日期：		
茶类：		内质			
编号	茶名	汤色	香气	滋味	叶底
1					

(3)请将两部分审评进行综合描述。

茶样审评表									
审评人：					审评日期：				
茶样种类：		外形				内质			
编号	茶名	条索	色泽	整碎度	匀净度	汤色	香气	滋味	叶底
1									

(此描述仅供参考)

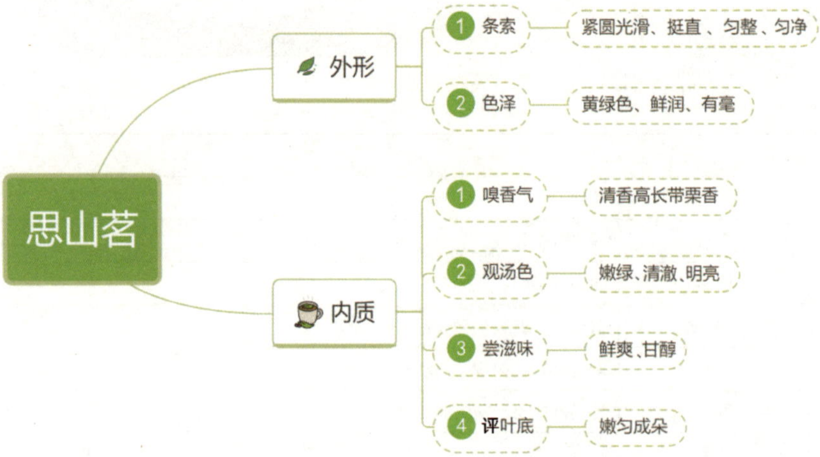

【知识链接】

1. 专业审评室布置

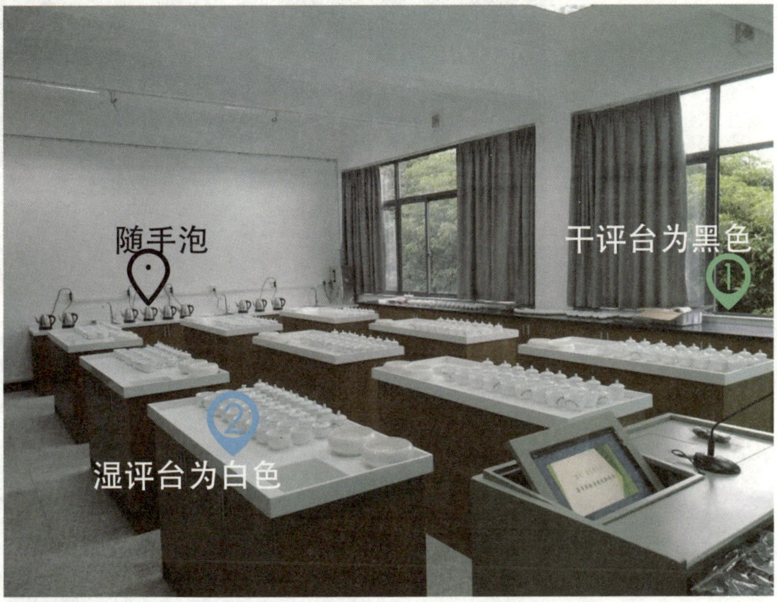

2. 审评用具

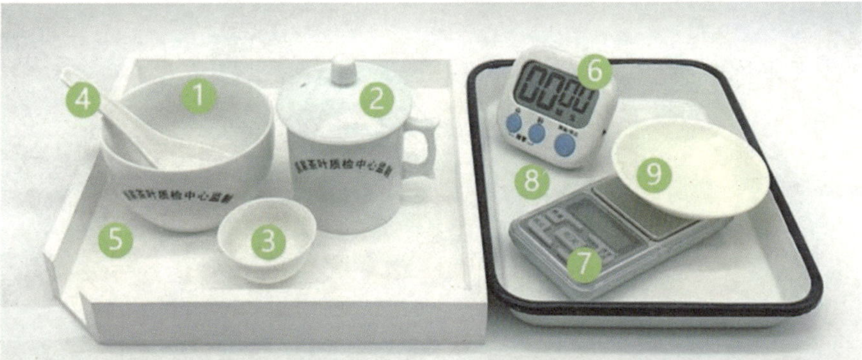

1	2	3	4	5	6	7	8	9
审评碗	审评杯	品茗杯	汤匙	木质审评盘	电子计时器	电子天平	搪瓷底盘	茶叶托盘

3. 审评流程

1	2	3	4	5	6	7	8	9
取样、把盘	评外形	称样	冲泡	沥茶汤	观汤色	嗅香气	尝滋味	查叶底
①外形					②汤色	③香气	④滋味	⑤叶底
干评			湿评					
五因子审评法								

(1)取样、把盘。

(2)评外形。

(3)称样。

用电子秤或天平称取3克绿茶。

(4)冲泡。

水温100 ℃，冲泡4分钟。

(5)沥茶汤。

(6)评汤色。

(7)嗅香气。

①热嗅：香气正常与否及香气的类型。
②温嗅：香气的优劣。
③冷嗅：香气的持久性。

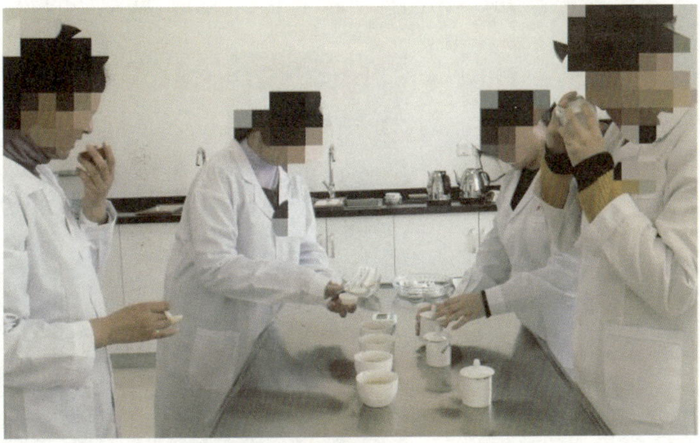

(8)尝滋味。

(9)评叶底。

【实操练习】请根据图片结合本节知识进行此茶样的品评及质量鉴别。

参考红茶审评术语：

肥壮紧结有锋苗、细紧多锋苗、紧细、乌褐润、乌润、黑枯、灰黑、显金毫、满披金毫、匀整、欠匀整、匀净。

红艳明亮、红明亮、橙红明亮、甜纯高长、浓郁带花香、松烟香、浓醇鲜爽、浓醇回甘、红嫩软亮。

茶样审评表									
审评人：					审评日期：				
茶样种类：		外形				内质			
编号	茶名	条索	色泽	整碎度	匀净度	汤色	香气	滋味	叶底
1									

思考一下其他茶类的审评方法。

【考核标准】

项目	分值	要求和评分标准	扣分细则	扣分	得分
茶叶的感官审评	65	能够根据茶叶品评方法审评茶叶	1. 未知茶叶感官审评干评与湿评的意义，扣 10 分； 2. 未知茶叶审评五因子，错误一项扣 5 分，共 25 分； 3. 审评器具准备错误，扣 10 分； 4. 审评流程出现错误，扣 10 分； 5. 未能使用标准术语对茶样进行描述，扣 10 分； 6. 其他因素扣分		
茶叶质量鉴别	30	茶的品质鉴别	1. 茶类审评方法错误，扣 10 分； 2. 茶叶审评流程出现错误，扣 10 分； 3. 审评评价不准确，出现明显错误，扣 10 分； 4. 其他因素扣分		
时间	5	在 10~15 分钟内完成演示	1. 误差小于 3 分钟（含），扣 1 分； 2. 误差为 3~5 分钟（含），扣 2 分； 3. 误差超过 5 分钟，扣 5 分		

【学习总结】

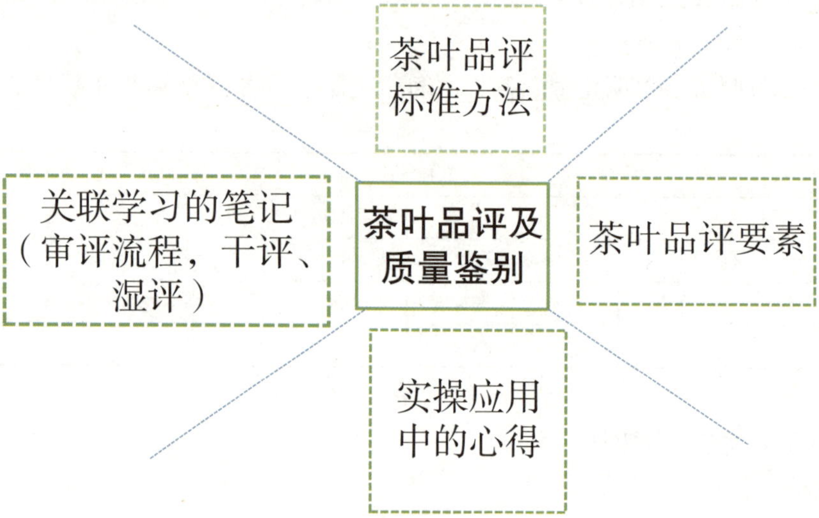

1.2.2 高山茶与台地茶的鉴别方法

何谓高山茶与台地茶?

【案例导入】有客人来到茶叶销售店说想要购买高山茶,但是不知道怎么区分高山茶和台地茶,茶叶销售员小杨冲泡了两杯不同的绿茶请客人品尝,让客人感受二者的不同之处。

顾客细细品味之后说:“1 号茶的香气不是很浓,滋味淡一些而且稍有涩感,2 号茶的香气很浓,栗香明显,滋味浓同时又不涩。”小杨笑着说:“您自己已经把高山茶分辨出来了。”

通过二人的对话你判断出高山茶和山地茶了吗?请在下面的表格中写出你的答案。

1号	2号

为什么两杯茶会有这些区别呢?请看下面表格中的信息。

因素	高山茶	台地茶
品质区别	1. 香高 2. 味浓 3. 耐泡 4. 氨基酸、芳香物质多 5. 茶多酚、儿茶素含量低	1. 香低 2. 味淡 3. 不耐泡 4. 氨基酸、芳香物质少 5. 茶多酚、儿茶素含量高
茶叶对比	1. 叶片肥厚柔软 2. 新梢肥壮、节间长 3. 持嫩性长	1. 叶片较硬薄 2. 新梢较瘦、节间短 3. 持嫩性短
生长环境	1. 生长海拔在 1 000 米以上 2. 光照短,漫射光多 3. 湿度高,温度低 4. 土壤有机质含量高 5. 少或无化学肥料	1. 生长海拔在 1 000 米以下 2. 光照长,漫射光少 3. 湿度低,温度高 4. 土壤有机质含量少 5. 人工干预多,有化学肥料

【知识链接】

(1)海拔是相对因素,应该具体区域具体分析。如我国的西南茶区和华南茶区,这两大产茶区在地理位置上有很大的差别,西南茶区的整体海拔高度高于华南茶区,因而西南茶区的高山茶与华南茶区的高山茶差别很大。

(2)海拔越高茶越好吗?海拔越高气温越低,气温过低不适宜茶树的生长,因此并不能单以海拔高度来判断茶的优劣。

(3)同一茶区的高山茶与台地茶的差异较为明显,应利用客观因素与主观因素综合进行判断,如海拔高度、生长环境,茶叶滋味、香气。

(4)多学习,多比较,学会总结,积累经验。

【实操练习】

今年春茶的制作已接近尾声,制茶师傅拿出两份蒸青绿茶“春之韵”“春之瑾”,这是用同一个茶区、同一品种但是不同生长位置的茶叶制成的。请根据信息辨别,哪一款是高山茶,哪一款是台地茶。

信息：

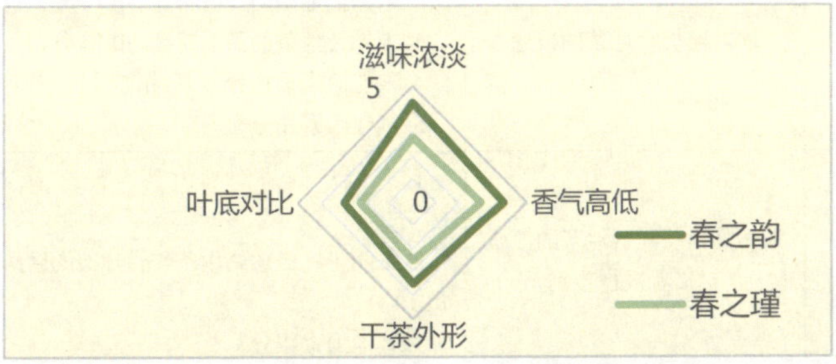

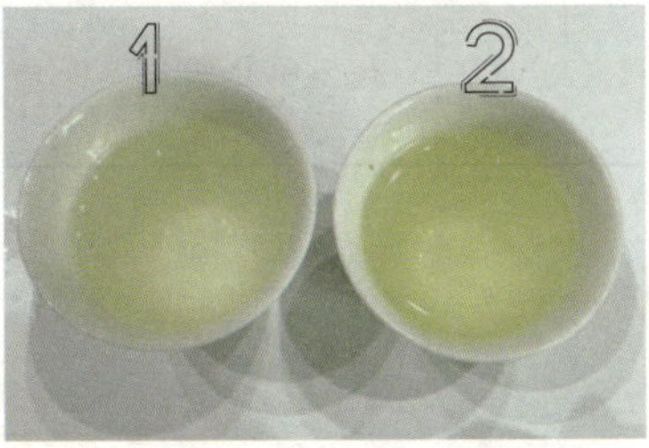

解答区：

【考核标准】

项目	分值	要求和评分标准	扣分细则	扣分	得分
高山茶的概念	35	能够掌握高山茶的概念	1. 未知高山茶的生长环境，扣 10 分； 2. 未知高山茶的鲜叶特征，扣 10 分； 3. 未知高山茶的品质特征，扣 10 分； 4. 未能恰当描述高山茶，扣 5 分； 5. 其他因素扣分		

续表

项目	分值	要求和评分标准	扣分细则	扣分	得分
台地茶的概念	35	能够掌握台地茶的概念	1. 未知台地茶的生长环境,扣 10 分; 2. 未知台地茶的鲜叶特征,扣 10 分; 3. 未知台地茶的品质特征,扣 10 分; 4. 未能恰当描述台地茶,扣 5 分; 5. 其他因素扣分		
鉴别高山茶与台地茶	25	根据高山茶与台地茶的性质对二者进行鉴别	1. 未能正确辨别高山茶与台地茶,扣 15 分; 2. 未能正确描述高山茶与台地茶的区别,扣 10 分; 3. 其他因素扣分		
时间	5	在 5~10 分钟内完成演示	1. 误差小于 3 分钟(含),扣 1 分; 2. 误差为 3~5 分钟(含),扣 2 分; 3. 误差超过 5 分钟,扣 5 分		

【学习总结】

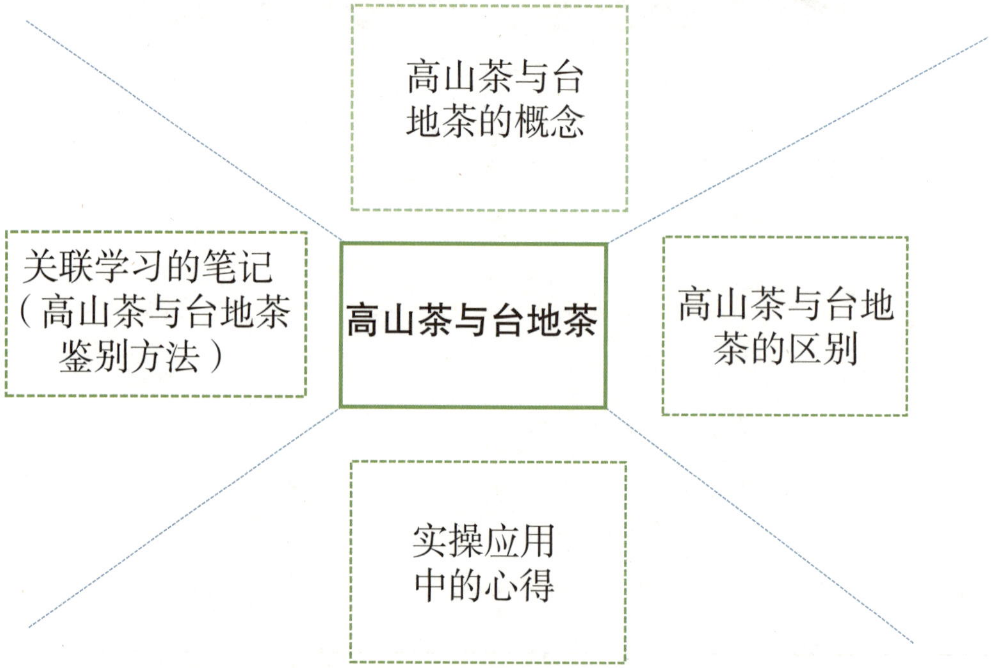

1.2.3 瓷器茶具的款式及特点

中华民族茶文化博大精深，从古至今由内而外散发着无限魅力。茶具作为茶的实质承载器具也是茶文化的重要组成部分。

【案例导入】茶艺师小田在对新员工进行专业培训时，看到大家对琳琅满目的瓷器茶具看花了眼，于是就从瓷器茶具的起源入手，帮助大家进行相关知识的梳理。鉴赏茶具也是品茗艺术的组成部分之一，是人们物质和精神生活的映射，是抽象美的具象表现。茶具的鉴赏是茶具的实用价值与审美价值的有机结合。以下根据茶具发展的时间顺序进行介绍。

青瓷为表面施有青色釉的瓷器，因其胎釉中含有一定量的氧化铁，在烧制过程中发生化学反应，呈青瓷色调。

青瓷始于东汉，盛于唐宋。

青瓷茶具的特点：青如玉，明如镜，声如磬。

名窑：唐代越窑，宋代龙泉窑、官窑、汝窑等。

青瓷茶具器型：茶碗、执壶、茶瓯等。

茶盏：饮茶用具，现代人称茶杯。

盏托：承茶盏之用，又称“茶托”“茶船”。

唐代越窑青瓷茶盏

南宋龙泉窑梅子青釉瓷斗笠碗

蜀茗词

唐·施肩吾

越碗初盛蜀茗新，薄烟轻处搅来匀。

山僧问我将何比，欲道琼浆却畏嗔。

现代青瓷茶壶

现代青瓷茶具套组

白瓷为含铁量低的瓷坯施以纯净的透明釉烧造而成。
始于北朝，盛于唐，明清复繁。
白瓷茶具的特点：色泽洁白，清音韵长。
名窑：唐代邢窑、宋代定窑、五代景德镇五代窑等。
白瓷茶具器型：茶瓯、壶、茶釜等。
茶瓯：最典型的唐代茶具之一，也称为杯、碗。
茶釜：茶事中烧水用的锅、壶，适用于煮茶法。

唐邢窑“大盈”款茶瓯

元代定窑白釉单柄杯(现藏于故宫博物院)

现代白瓷茶具套组

黑瓷也称天目瓷，为施黑色高温釉的瓷器，在青瓷的基础上发展而来，均用氧化铁做釉的着色剂，黑瓷釉中的氧化铁的质量分数为5%。

始于晚唐，盛于宋。

黑瓷茶具的特点：釉厚如脂，色如黑漆。

名窑：定窑、建窑等。

黑瓷茶具器型：以盏为主。

宋福清窑黑釉盏

宋黑釉盏

黑釉兔毫盏

现代黑瓷茶具

彩瓷也称彩绘瓷,是指器物表面加以彩绘的瓷器,主要有釉下彩和釉上彩。如青花瓷、粉彩、珐琅彩等。

始于唐,兴于元,盛于明清。

彩瓷茶具的特点:花纹相映成趣,色彩丰富。

名窑:景德镇窑、长沙窑、磁州窑等。

彩瓷茶具器型:各种器型完备,壶、碗、茶船等。

青花龙纹盖碗

松石绿地粉彩花卉纹茶船

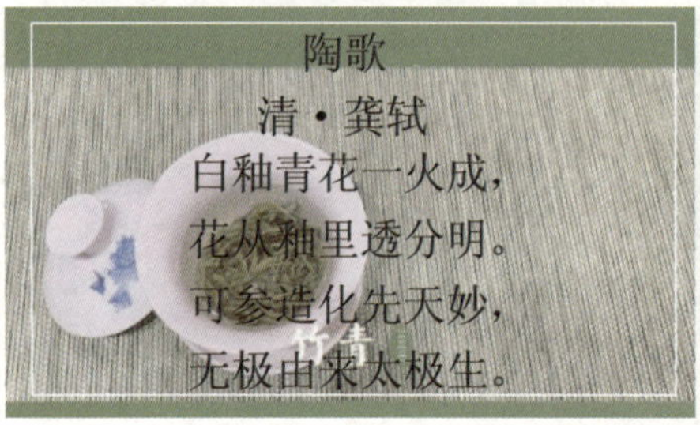

粉彩花蝶纹瓜棱壶

现代青花瓷茶具组

现代斗彩茶

【知识链接】通过瓷器茶具发展情况的介绍，我们可以了解瓷器茶具的共性与特性。

性质	青瓷	白瓷	黑瓷	彩瓷
特性	1. 青瓷为最早的瓷器茶具； 2. 重造型和釉色，不重纹饰； 3. 青瓷茶具最开始的款式多为茶瓯、执壶等	1. 瓷坯含铁量较低，且施以透明釉； 2. 造型精巧，无花纹； 3. 白瓷茶具最开始的款式多为碗、盏、瓶等	1. 黑瓷釉中氧化铁的质量分数很高，为 5%； 2. 釉厚且注重自然烧造的纹理； 3. 黑瓷茶具的款式多为盏（束口盏、敞口盏）等	1. 彩瓷种类丰富，有釉下彩和釉上彩； 2. 色彩丰富，造型精美，并有一定的创作主题； 3. 彩瓷茶具的出现时间较晚，款式接近现代
共性	1. 瓷器茶具为高温烧造而成，烧制温度一般在 1 200 ℃以上，瓷土烧制后胎色白，吸水性弱，为 0~0.5%，总气孔率低，为 2%~6%。 2. 瓷器茶具可从茶具的功能性和审美性两方面来选择。功能性应以实用功能为主，审美性可从釉色调等多方面选择，如冷调釉色适合绿茶、白茶，暖调釉色更适合红茶、乌龙茶、普洱茶等			

【实操练习】

小杨今天参观了一间茶艺室，茶艺室陈列了很多精美的茶具，下面是她拍的几张茶具的照片。你可以正确写出茶具所属的瓷器茶具类型及其准确的款式，以及适宜冲泡的茶类吗？（写出一到两款具体茶名）

1
如：粉红釉
品茗杯

2

3

【考核标准】

项目	分值	要求和评分标准	扣分细则	扣分	得分
瓷器茶具的认识	60	能够认识各类瓷器茶具	1. 未知瓷器茶具的基本知识,扣 10 分; 2. 未能准确认识白瓷茶具,扣 10 分; 3. 未能准确认识青瓷茶具,扣 10 分; 4. 未能准确认识黑瓷茶具,扣 10 分; 5. 未能准确认识青花瓷茶具,扣 10 分; 6. 未能准确认识其他彩瓷茶具,扣 10 分; 7. 其他因素扣分		
瓷器茶具的特点及认识	35	能够根据要求选配符合标准的瓷器茶具,并搭配合适的茶类	1. 瓷器茶具颜色搭配错误,扣 10 分; 2. 瓷器茶具尺寸搭配不平衡,扣 10 分; 3. 未能根据茶叶选择合适类型的瓷器茶具,扣 15 分; 4. 其他因素扣分		
时间	5	在 5~10 分钟内完成演示	1. 误差 3 分钟(含),扣 1 分; 2. 误差 3~5 分钟(含),扣 2 分; 3. 超过 5 分钟,扣 5 分		

【学习总结】

1.2.4 陶器茶具的款式及特点

陶器作为茶具出现在古人的日常生活中,反映出茶在社会文化与经济中的重要地位。茶具随着茶的冲泡方法及器具制造工艺的发展产生了很大的变革,陶器茶具从最开始的主导器具演变成茶器具的一个重要分支。本节主要对陶器茶具中茶壶的内容进行讲解。

【案例导入】陶器作为茶具出现有着悠久的历史,最早可追溯到在浙江出土东汉的碗、盏、壶等陶器茶具。西晋诗人杜育《荈赋》说,“器择陶简,出自东隅”,描述出了茶具的质地及产地。以下为陶器茶具的基础知识以及陶茶壶的基本结构要素。

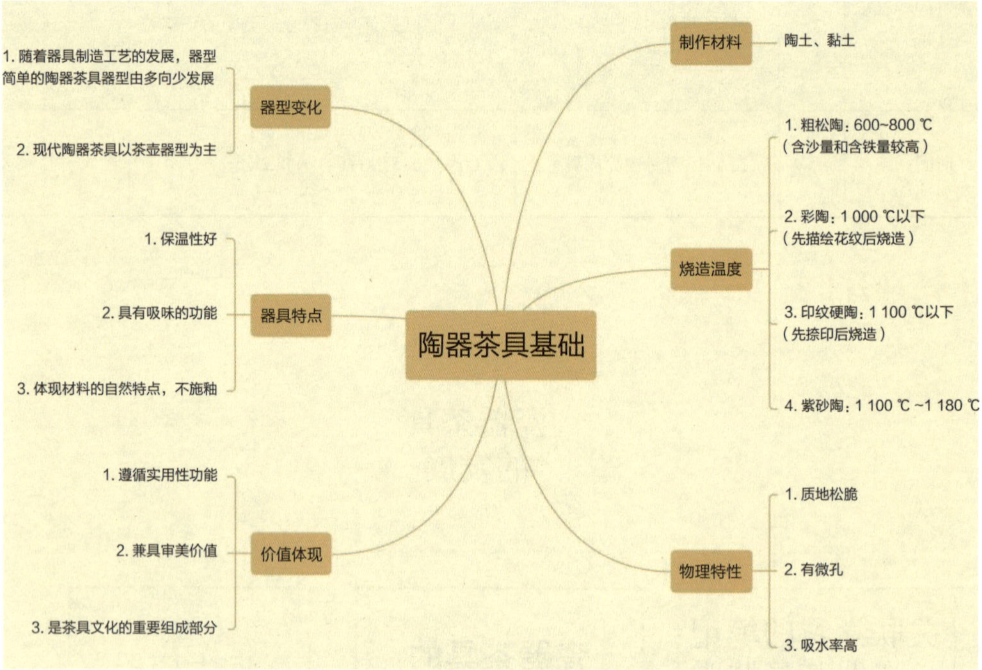

陶器茶具的基础知识

壶体结构七要素

陶器茶具中最为重要的角色非茶壶莫属，其分类方式有多种，可按产地分类、按器具造型分类等。

（1）按产地分为“中国四大陶器”：宜兴紫砂陶、建水紫陶、钦州坭兴陶、重庆荣昌陶。

此图片来自“壶上”《寅春水平壶》。

宜兴紫砂壶（水平壶）

产地：江苏宜兴丁蜀镇
始于：明朝
烧造温度：1 100~1 200 °C之间

泥料：紫砂泥（包括紫泥、红泥、绿泥）

紫泥　红泥　绿泥

此图片来自网络。

荣昌红泥壶（绞纹龙旦壶）

产地：重庆荣昌区安富镇
始于：清朝
烧造温度：1 100~1 200 °C之间

泥料：陶泥（包括红泥、白泥）

红泥　白泥

宜兴陶和荣昌陶的对比见下表。

宜兴陶	VS	荣昌陶
紫砂泥	泥料	红、白陶泥
器型工艺精湛	工艺特点	造型朴实自然
乌龙茶、普洱茶	适合冲泡的茶	乌龙茶、普洱茶
重器型	侧重点	自然纹理

此图片来自网络。

建水紫陶

产地：云南省红河州建水县
始于：清朝
烧造温度：1 120~1 180 °C之间

泥料：五色土（红、黄、青、白、紫）

宜兴陶和建水陶的对比见下表。

宜兴陶	VS	建水陶
紫砂泥	泥料	五色土
打片成型 无须打磨	工艺特点	手工拉坯成型 需打磨、抛光
乌龙茶、黑茶	适合冲泡的茶	普洱生茶
重器型	侧重点	重纹饰

此图片来自网络。

钦州坭兴陶（西施壶）

产地：广西钦州市
始于：清朝
烧造温度：1 200 ℃

泥料：钦江东西两岸紫红陶土（东泥软为肉，西泥硬为骨）

宜兴陶和坭兴陶的对比见下表。

宜兴陶	VS	坭兴陶
紫砂泥	泥料	紫红陶土
造型千姿百态	工艺特点	适合雕刻 有窑变特性
乌龙茶、黑茶	适合冲泡的茶	乌龙茶、黑茶
重器型	侧重点	重陶刻纹印

（2）按器具造型分为“光货”（素货）、“花货”（自然）、“筋囊货”（筋纹）。

《平盖莲子》——吴浩

①光货，又称素货，壶身为几何体，表面光素。其造型多为球体、圆柱体、立方体等多种形状变化而成。光货又分为“方器”和“圆器”两大类。光器体现了器具曲线与直线艺术的交流之美。

《桃韵》——范永叶

②花货，又称自然，取材于自然界动植物的自然形态，用浮雕、半浮雕或圆雕等造型装饰设计成仿生形象。花货造型体现的是自然界的形态之美，并有中华传统文化中好的象征

意义。

《茂林菱花》菊花八瓣壶——“壶上”

③筋囊货，又称筋纹器，其造型特点是将瓜棱、花瓣、云水纹等形态规则化，使其结构精确严格，要求壶的口、盖、嘴、底、把都严丝合缝，做工要求严谨，制作难度大。具有对称的结构美。

【知识链接】对于陶器茶具的认识与鉴赏是一个需要丰富经验的审美活动，作为初学者，鉴赏一款陶器茶具应侧重于以下六要素。

（1）胎质。包括原材料的等级、烧造的火候、制作者的工艺技能等。

（2）造型。陶器茶壶发展至今造型千姿百态，在符合中国茶道“和”的精神中融入了多种美学思想，包括陶器艺人的独特审美思维。

（3）装饰。装饰是陶器茶具除造型之外艺术性的重要体现，包括线条、刻画、着色、泥绘、彩釉、抛光、镶嵌等。

（4）功能。即其实用性，包括容量适度、高矮得当、口盖严谨、出水流畅且符合人体工学。

（5）款识。陶器茶壶多是由制壶艺人独自完成的，因此款识就是制作者的名片，也是装饰中不可或缺的一部分。款识讲究与壶整体布局呼应、和谐。

（6）辨伪。学会鉴赏茶具，“方非一式，圆不一相”。

下表介绍了历代制壶大师。

时间	姓名	特点
明代	“紫砂壶鼻祖” 供春	有史记载第一位留下名字的制壶大师。代表作“供春壶”
明嘉靖、隆庆年间 （1522—1572）	“四大名家” 董翰 赵梁 袁锡 时鹏	创“筋囊”器型 1. 最早发明菱花式砂壶； 2. 所制茗壶，多提梁式； 3. 以古拙见长； 4. 筋纹器的代表人

续表

时间	姓名	特点
1573—1648	“壶家妙手之三” 1. 时大彬（师父）； 2. 李仲芳（徒弟）； 3. 徐友泉（徒弟）	1. 匠心独运，朴雅精致； 2. 渐趋文巧； 3. 擅陶泥配色，手工精细
明清	惠孟臣	擅制小壶，壶体浑朴精妙，尤注重铭刻的书法
清代	“清代制壶名家” 陈鸣远 邵大亨 陈曼声 杨彭年	1.“花货”宗师； 2. 以浑朴见长，结构精简之美； 3. 西泠八家之一，善书法、刻画； 4. 继承、恢复了龚春、时大彬的全手工制壶技法，与陈曼生合制“曼生壶”
现代	朱可心、顾景洲、蒋蓉等	
当代	徐汉棠、许四海等	

【实操练习】根据图片写出它们所属的造型类型及特点，并尝试进行细节描述。

《莲生》——刘景设计、王爱红制作

《逸方六公》——“壶上”

《曼生石瓢》——高永杰

【考核标准】

项目	分值	要求和评分标准	扣分细则	扣分	得分
陶器茶具的基础知识	55	陶器茶具的两种分类方法及认识	1. 未能理解陶器茶具基础知识,扣10分; 2. 未能认识中国四大名陶,扣20分; 3. 未能准确分辨陶器茶具三大造型类型,扣20分; 4. 其他因素扣分		
陶器茶具的鉴赏	40	陶器茶具的要素鉴赏	1. 未能掌握陶器茶具鉴赏六要素,扣20分; 2. 未知“制壶鼻祖”“制壶四大名家”“制壶妙手之三”“清代制壶名家”,扣20分; 3. 其他因素扣分		

项目	分值	要求和评分标准	扣分细则	扣分	得分
时间	5	在5~10分钟内完成演示	1. 误差3分钟(含),扣1分; 2. 误差3~5分钟(含),扣2分; 3. 超过5分钟,扣5分		

【学习总结】

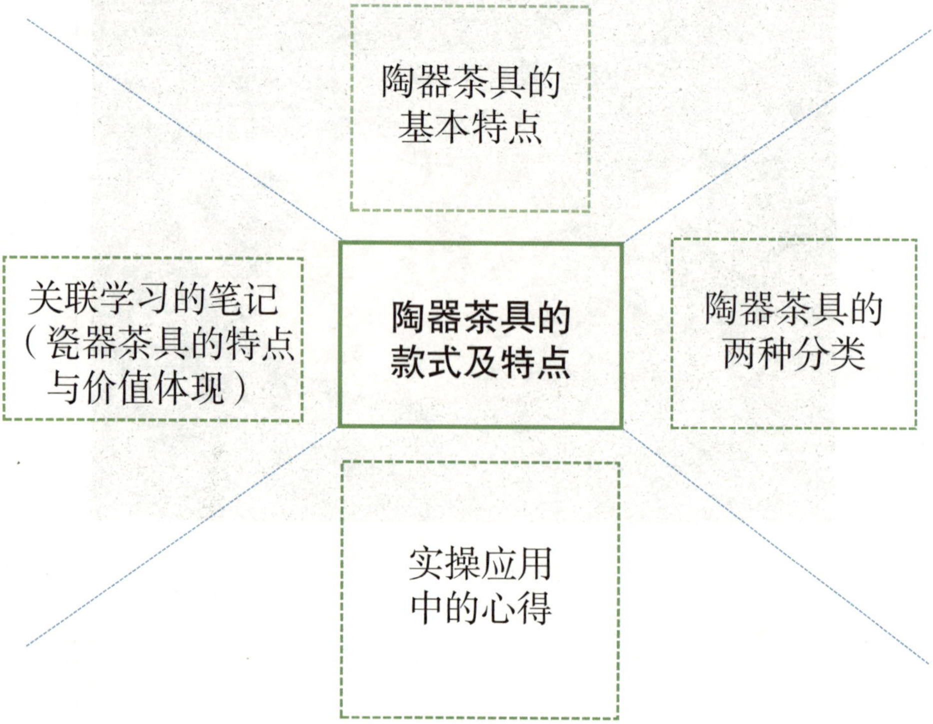

2

茶艺服务

2.1 茶席设计

学习导图

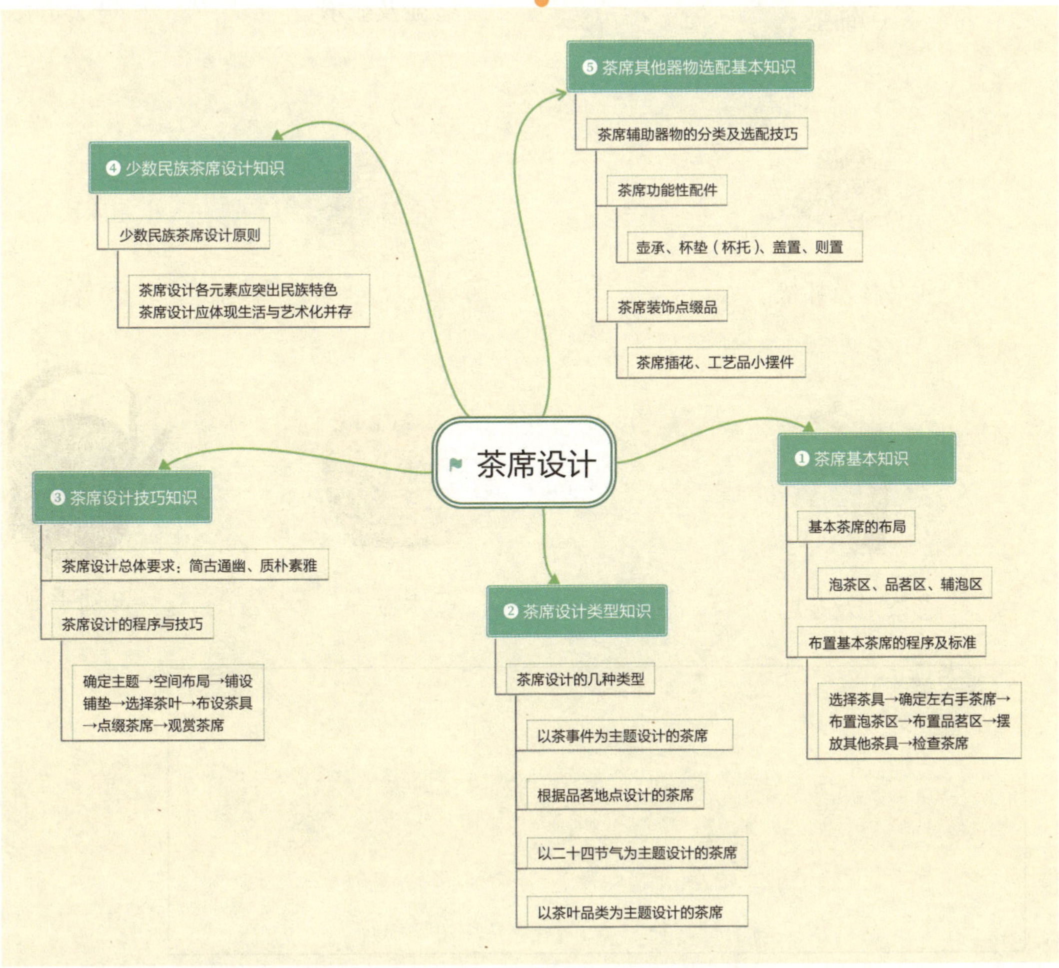

茶席设计
❶ 茶席基本知识
基本茶席的布局
泡茶区、品茗区、辅泡区
布置基本茶席的程序及标准
选择茶具→确定左右手茶席→布置泡茶区→布置品茗区→摆放其他茶具→检查茶席
❷ 茶席设计类型知识
茶席设计的几种类型
以茶事件为主题设计的茶席
根据品茗地点设计的茶席
以二十四节气为主题设计的茶席
以茶叶品类为主题设计的茶席
❸ 茶席设计技巧知识
茶席设计总体要求：简古通幽、质朴素雅
茶席设计的程序与技巧
确定主题→空间布局→铺设铺垫→选择茶叶→布设茶具→点缀茶席→观赏茶席
❹ 少数民族茶席设计知识
少数民族茶席设计原则
茶席设计各元素应突出民族特色
茶席设计应体现生活与艺术化并存
❺ 茶席其他器物选配基本知识
茶席辅助器物的分类及选配技巧
茶席功能性配件
壶承、杯垫（杯托）、盖置、则置
茶席装饰点缀品
茶席插花、工艺品小摆件

2.1.1 茶席基本知识

茶席,是为品茗构建的人、茶、器、物、境的茶道美学空间,是以茶汤为灵魂,以茶具为主体,在特定的空间形态中,与其他的艺术形式相结合,共同构成的具有独立主题并有所表达的艺术组合。

【案例导入】阳春三月,茶艺师小王准备在垂丝海棠树下布一方茶席,为4位来宾奉上一席茶。请你按下列提供的茶具布席。

①铺垫

②壶及壶承

③公道杯

④品杯及杯垫

⑤茶叶罐

⑥盖置

⑦茶则及茶匙

⑧水盂

⑨随手泡

(学生解答)

解答：

【知识链接】基本茶席的布置

（1）基本茶席的布局。

基本茶席一般由泡茶区、品茗区、辅泡区构成。由左手持煮水器完成注水的茶席，简称为左手席；由右手持煮水器完成注水的茶席，简称为右手席。

下图所示即为左手茶席。

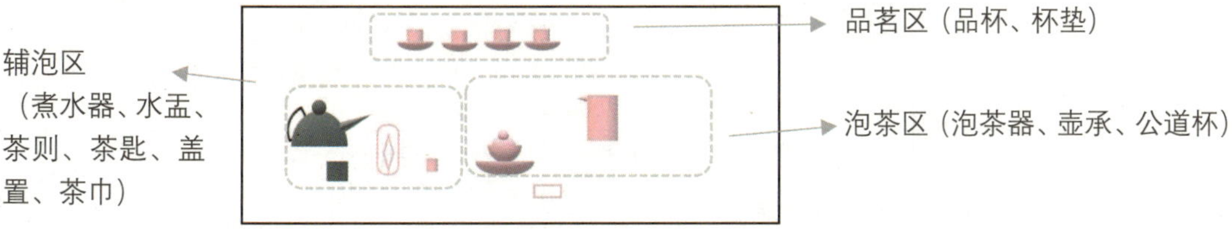

①泡茶区。位于席主的右前方（以左手席为例），公道杯放置于泡茶器的外上位置，两者呈45°左右的夹角。

②品茗区。位于客人方便的位置，与泡茶区域顾盼呼应。不同个数的品茗杯在布席时，可遵循："一中心，二平放，三三角，四梅花"的形式，多个品茗杯可分两组布席，或布成S形、半圆形等。

③辅泡区。茶器应少而精简，遵循实用、美观的原则。

（2）布置基本茶席的程序与标准如下表所示。

程序	标准
1. 选择茶具	根据所选的茶叶选择符合茶性的茶具
2. 确定左右手茶席	根据平时操作习惯，确定左手或右手席
3. 布置泡茶区	由泡茶器和公道杯构成的泡茶区，位于席主的右前方，且公道杯始终处在泡茶器的外上位置，两者呈45°左右的夹角
4. 布置品茗区	由茶杯排列组合构成的品茗区，与泡茶区域顾盼呼应
5. 摆放其他茶具	按协调适宜，同时不影响泡茶与分茶的便利性的原则摆放其他茶具
6. 检查茶席	从前、后、左、右四个方向去检查茶席

【实操练习】请布置一个 5 人品茗的右手茶席。

【考核标准】

项目	分值	要求和评分标准	扣分细则	扣分	得分
选择茶器具	30	与茶品的茶性相符；符合实用、适手、美观原则	1. 茶器具选择与茶性相符，不扣分； 2. 茶器具选择与茶性欠相符，扣 5 分； 3. 茶器具选择与茶性不相符，扣 10 分； 4. 茶器具选择实用、适手、美观，不扣分； 5. 茶器具选择尚实用、适手、美观，扣 5 分； 6. 茶器具选择欠实用、适手、美观，扣 10 分； 7. 其他因素扣分		
茶席布置	40	布局合理，功能完备	1. 茶席布局得当合理，不扣分； 2. 茶席布局尚得当合理，扣 5 分； 3. 茶席布局欠得当合理，扣 10 分； 4. 其他因素扣分		
席面效果	20	席面整洁，摆放有度	1. 席面整洁有度，不扣分； 2. 席面欠整洁有度，扣 5 分		
布席时间	10	在 5~10 分钟内完成演示	1. 误差 3 分钟（含），扣 1 分； 2. 误差 3~5 分钟（含），扣 2 分； 3. 超过 5 分钟，扣 5 分		

【学习总结】

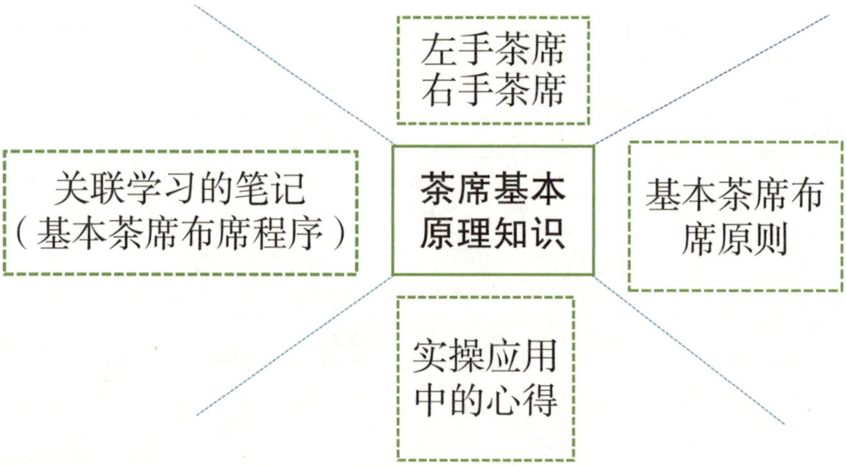

2.1.2　茶席设计类型知识

在茶席设计过程中，可以根据茶事件、事茶环境、二十四节气、茶叶品类、茶席用途等不同要素，对茶席的设计进行分类。

【案例导入】茶席观察

（1）下列哪一方茶席属于生活型茶席，哪一方茶席属于陈列型茶席？

（2）两者在设计上有何不同？

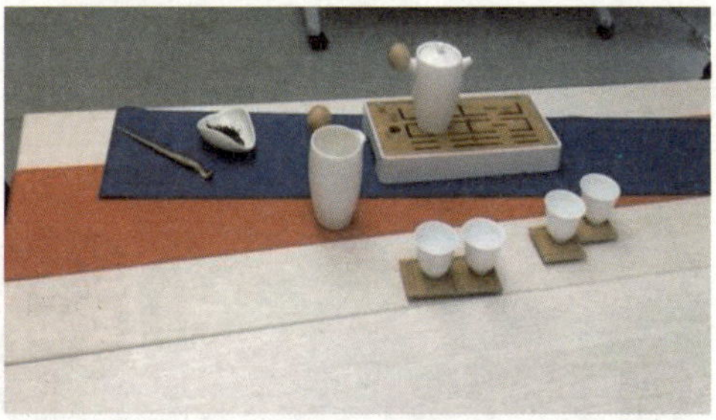

左图

右图

（学生解答）

解答：

（1）左图属于生活型茶席，右图属于陈列型茶席。

（2）生活型茶席在满足泡茶功能的基础上，突出实用的功能；陈列型茶席是通过茶器物的摆放来营造意境美，其艺术的功能高于实用的功能。

【知识链接】茶席设计的几种类型

不同类型的茶席设计，表现出的主题特征是显著不同的。

➢ 以茶事件为主题设计的茶席。如表现唐代陆羽煎茶的茶席；以表现赌书泼茶的茶故事为主题的茶席。

御前烹茶故事

倾心泼茶香茶故事

➢ 根据品茗地点设计的茶席:户外茶席、室内茶席。

户外茶席

室内茶席

➢ 以二十四节气为主题设计的茶席。

春分茶席

➢ 以茶叶品类为主题设计的茶席,如以六大茶类中的名茶为主题的茶席设计。

普洱茶茶席

【实操练习】看图做茶席设计。

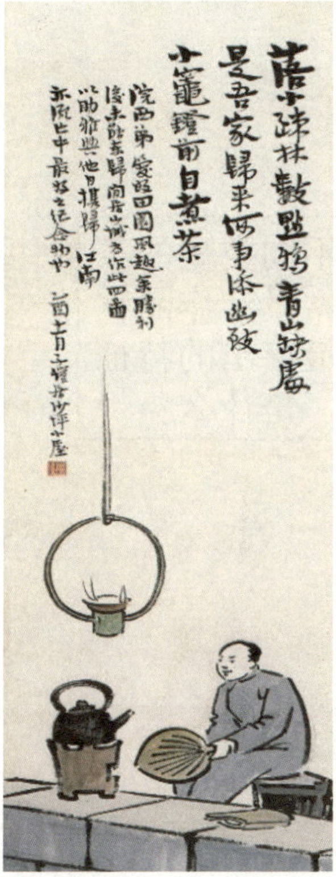

根据漫画中的诗与画，填空回答：

《自法云归》

落日疏林数点鸦，青山阙处是吾家。

归来何事添幽致，小灶灯前自煮茶。

1.茶席场景：________

2.该茶席设计应选择的事茶方式及茶品：________

3.该茶席设计特色：____________

【考核标准】

项目	分值	要求和评分标准	扣分细则	扣分	得分
不同类型的茶席设计主题	40	不同类型的茶席设计主题清晰	1. 主题清晰，不扣分； 2. 主题尚清晰，扣 3 分； 3. 主题欠清晰，扣 5 分； 4. 没有主题，扣 10 分		

续表

项目	分值	要求和评分标准	扣分细则	扣分	得分
不同类型的茶席设计的茶具及茶品组合	30	茶具及茶品组合与茶席设计的要求相符合	1. 茶具及茶品组合与茶席设计的要求相符合，不扣分； 2. 茶具及茶品组合与茶席设计的要求尚符合，扣 3 分； 3. 茶具及茶品组合与茶席设计的要求欠符合，扣 5 分； 4. 其他因素扣分		
不同类型的茶席设计的特色	30	不同类型的茶席设计有创意	1. 茶席设计有创意，不扣分； 2. 茶席设计稍有创意，扣 3 分； 3. 茶席设计无创意扣 5 分		

【学习总结】

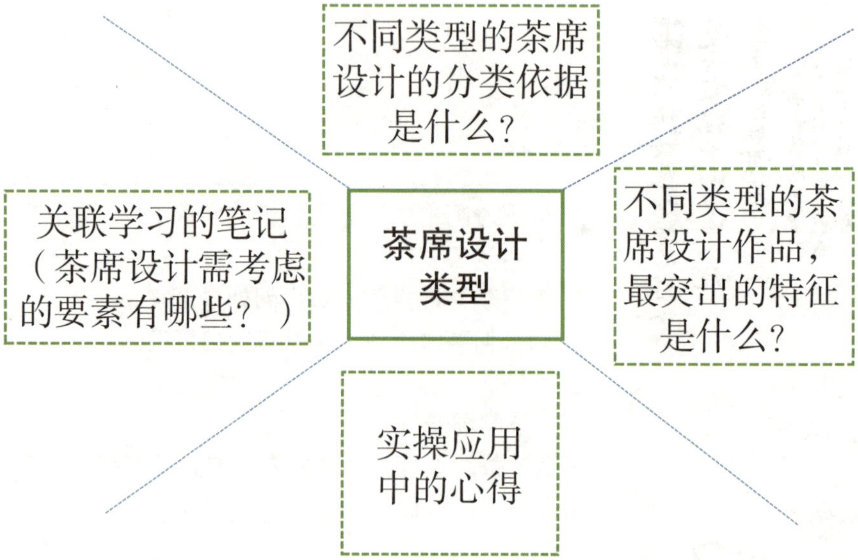

2.1.3 茶席设计技巧知识

茶席设计是实用价值与美学相结合的艺术,从实用的角度需考虑构成茶席的一些基本要素,如铺垫、茶叶、茶具、背景等,以及布席时是否符合人体工学等相关因素;从美学的角度需考虑茶席所表达的意境,这种意境的呈现可通过色彩的变化、空间的层次、器具的搭配等来实现。

【案例导入】观察下面茶席,回答问题:1. 构成该茶席的基本要素有哪些?2. 请你为该茶席取名,阐述该茶席是如何表达主题的?

(学生解答)

解答:

1. 构成该茶席的基本要素有主题、茶席铺垫、茶具组合、背景、茶叶等。

2. 此席可以以《悠然见南山》为主题,以原木及山石打造的茶桌作为铺垫,不加任何装饰性铺设;以高山为背景,席中陶瓷茶具、盘中的野果、书籍为点缀,诠释雅士山中,春水煎茶的中心思想。

【知识链接】茶席设计的技巧

(1)茶席设计总体要求:简古通幽、质朴素雅。如下图《归隐》主题的茶席。

(2)茶席设计的程序与技巧如下表所示。

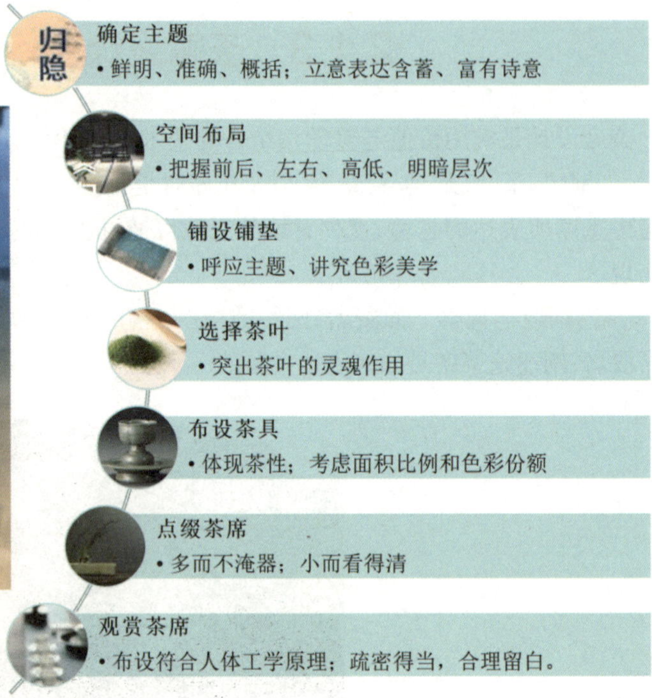

程序	技巧
1. 确定茶席主题	①主题鲜明、准确、概括；②主题文字精练简洁；③主题立意表达含蓄；④主题富有诗意
2. 对茶席的空间层次进行布局	构建茶席的空间层次，主要包括茶元素构建的前后层次，左右层次，最高位置的插花与相对较低的茶杯轮廓线形成的高低层次，色泽和光影对茶器的影响、形成的明暗层次等
3. 选择并铺设铺垫	①选择铺垫时，依据色彩美学，选择对比相对弱一些的两个色调进行搭配，达到对比、协调的效果；②铺垫的方法有平铺、对角铺、三角铺、叠铺、立体铺等
4. 选择符合主题的茶叶	进行茶席设计时，要突出茶叶的灵魂作用，其他所有要素都要围绕衬托茶
5. 搭配布设茶具	①选择能充分体现茶性的茶具；②布设茶具时，应考虑各器具所占的面积比例和色彩份额，主茶器适当增加权重，应尽量缩减辅泡器在茶席上的比例和面积。
6. 点缀茶席	①茶席插花应清雅脱俗，与茶相合；②茶席相关工艺品应与主器具配合巧妙，摆置得当。选择和陈设原则是：多而不淹器；小而看得清
7. 观赏茶席	①茶席布设的实用性符合人体工学原理，泡茶人左右两侧的最大移动轨迹为 1.5 米，向前分茶伸展的最大活动半径为 0.5 米；②茶席疏密得当，合理留白

【实操练习】品读下面的诗词的意蕴，写出茶席主题、设计思路及表达思想并布设茶席。

《洵上人房》(节选)

自占一窗明，小炉春意生。

茶分香味薄，梅插小枝横。

茶席主题：________________

设计思路：________________

表达思想：________________

茶席作品照片：________________

【考核标准】

项目	分值	要求和评分标准	扣分细则	扣分	得分
茶席主题	30	主题鲜明，立意新颖，有原创性；意境美好	1. 有立意，意境不足，扣2分； 2. 有立意，欠文化内涵，扣4分； 3. 无原创性，立意欠新颖，扣6分； 4. 其他因素扣分		
茶席创意	30	茶席与背景有创意	1. 尚有创意，扣2分； 2. 有创意，欠合理，扣3分； 3. 背景与主题不符，扣4分； 4. 背景喧宾夺主，扣6分； 5. 其他因素扣分		
茶席布设	30	茶席布设符合主题要求，茶席各要素之间搭配逻辑合理、实用	1. 各要素之间搭配尚合理、尚实用，扣2分； 2. 各要素之间搭配欠合理、欠实用，扣3分； 3. 各要素之间搭配不合理、不实用，扣5分； 4. 其他因素扣分		

续表

项目	分值	要求和评分标准	扣分细则	扣分	得分
茶席文本	10	文本阐释有内涵,能引导和启发观众对茶艺的理解,给人以美的享受	1. 文本阐释尚有深意、新意,扣 0.5 分; 2. 文本阐释欠有深意、新意,扣 2 分; 3. 文本阐释无深意、新意,扣 5 分		
时间	5	在 8~10 分钟内完成茶席布设	1. 茶席布设时间超过 3 分钟以内,扣 1 分; 2. 茶席布设时间超过 3~5 分钟,扣 2 分; 3. 茶席布设时间超过 5 分钟,扣 4 分		

【学习总结】

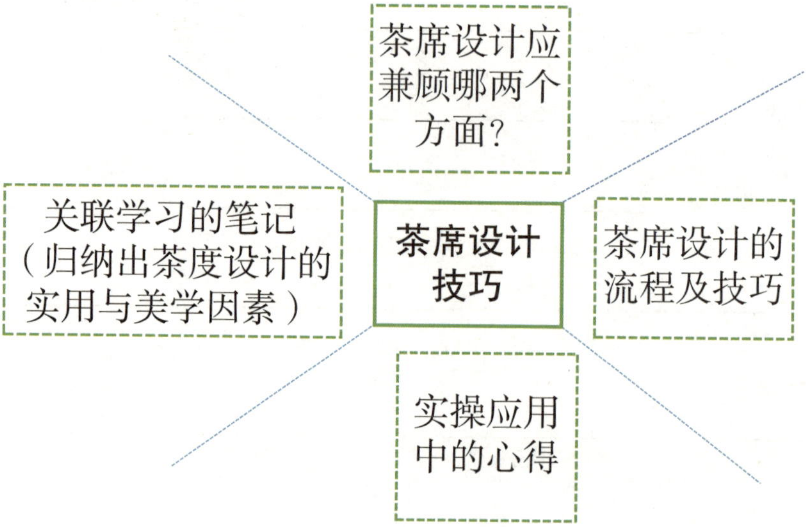

2.1.4 少数民族茶席设计知识

我国是一个多民族国家，56 个民族由于所处地理环境和历史文化的不同，各民族在长期传统的生活方式中，形成了丰富多彩的饮茶习俗。因此在设计少数民族地区的茶席时，需使用具有地方特色的铺垫、茶具、背景等，将当地的文化与茶融合在一起。

【案例导入】欣赏茶席：第四届茶席设计大赛金奖《空山茗韵》，体现的是我国布朗族的茶俗。请问该茶席是怎样围绕主题进行设计的？

学生解答：

（1）云南少数民族布朗族的饮茶方式是______________。

（2）围绕主题，茶具选用__________；茶席铺垫与茶旗是__________；背景是________；所用茶叶是__________。

解答：

（1）该茶席设计采用中心结构式。茶席反映云南少数民族布朗族的饮茶方式，火塘煮水，土罐烤茶。

（2）茶具选用当地布朗族常用的柴烧土陶，以灰色棉布、黑色民族织布和芭蕉叶做铺垫，以丛林为背景；茶旗采用民族手工织布，手工绘画，展示云南布朗族居住地古茶林和古老村寨。古朴、原始的茶席，让人联想到那遥远丛林中的一杯普洱茶。

【知识链接】

少数民族茶席设计原则

- 茶席设计各元素应突出民族特色。
- 茶席设计应体现生活与艺术化并存。

藏族酥油茶茶席设计程序与技巧示例如下。

程序	技巧
1. 确定茶席主题	“浓情酥油茶”，以藏族酥油茶为茶席主题
2. 对茶席的空间层次进行布局	采用席面高度为 30 厘米的矮桌
3. 选择并铺设铺垫	采用金色图腾印花桌布，搭配蓝色桌旗，象征大地与天空，代表信仰和希望
4. 选择符合主题的茶叶	茶叶选用藏茶
5. 搭配布设茶具	桌上布设制作酥油茶的打茶桶、铜壶、木碗
6. 布置背景	以藏族群众围坐喝酥油茶的图片作为茶席背景

【实操练习】根据图片提示，补足内容并任选一种茶俗进行茶席设计。

蒙古族茶俗：________

主要配料：________

茶席设计特点：__________

桃江茶俗：______

主要配料：________

茶席设计特点：__________

纳西族茶俗：________

主要配料：________

茶席设计特点：__________

景颇族茶俗：________

主要配料：________

茶席设计特点：__________

【考核标准】

项目	分值	要求和 评分标准	扣分细则	扣分	得分
茶席主题	30	主题鲜明，立意新颖，有原创性；意境美好	1. 有立意，意境不足，扣 2 分； 2. 有立意，欠文化内涵，扣 4 分； 3. 无原创性，立意欠新颖，扣 6 分； 4. 其他因素扣分		
茶席创意	30	茶席与背景有创意	1. 尚有创意，扣 2 分； 2. 有创意，欠合理，扣 3 分； 3. 背景与主题不符，扣 4 分； 4. 背景喧宾夺主，扣 6 分； 5. 其他因素扣分		
茶席布设	30	茶席布设符合主题要求，茶席各要素之间搭配逻辑合理、实用	1. 各要素之间搭配尚合理、尚实用，扣 2 分； 2. 各要素之间搭配欠合理、欠实用，扣 3 分； 3. 各要素之间搭配不合理、不实用，扣 5 分； 4. 其他因素扣分		
茶席文本	10	文本阐释有内涵，能引导和启发观众对茶艺的理解，给人以美的享受	1. 文本阐释尚有深意、新意，扣 0.5 分； 2. 文本阐释欠有深意、新意，扣 2 分； 3. 文本阐释无深意、新意，扣 5 分		
时间	5	在 8~10 分钟内完成茶席布设	1. 茶席布设时间超过 3 分钟以内，扣 1 分； 2. 茶席布设时间超过 3~5 分钟，扣 2 分； 3. 茶席布设时间超过 5 分钟，扣 4 分		

【学习总结】

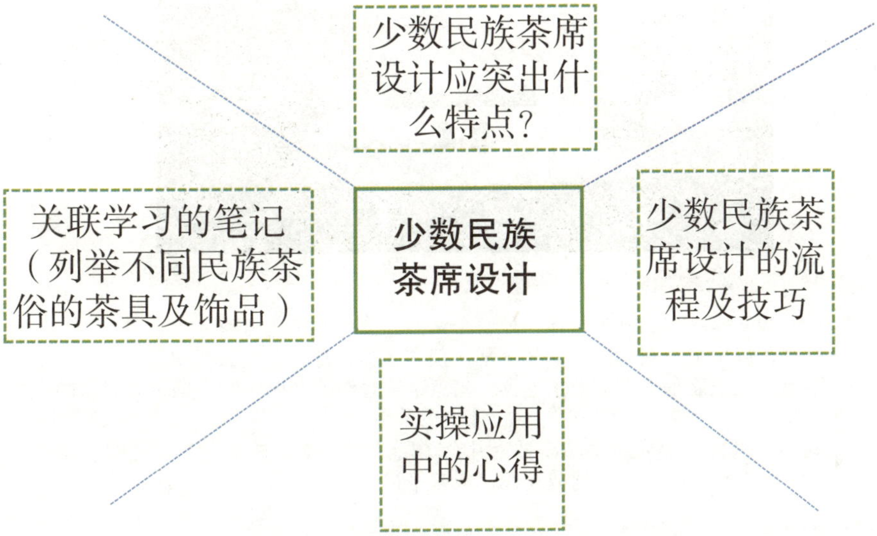

2.1.5 茶席其他器物选配基本知识

茶席上茶具是不可或缺的主角,其他辅助元素如茶席插花、壶承、盖置、壶垫、小摆件等对整个茶席的主题风格具有渲染、点缀和加强的作用,在设计时可以根据主题要求,选择全部或部分辅助元素与茶具组合搭配。

【案例导入】观察下面的茶席。标出此茶席设计中用到的辅助元素,并说说对突出茶席主题起了什么作用?

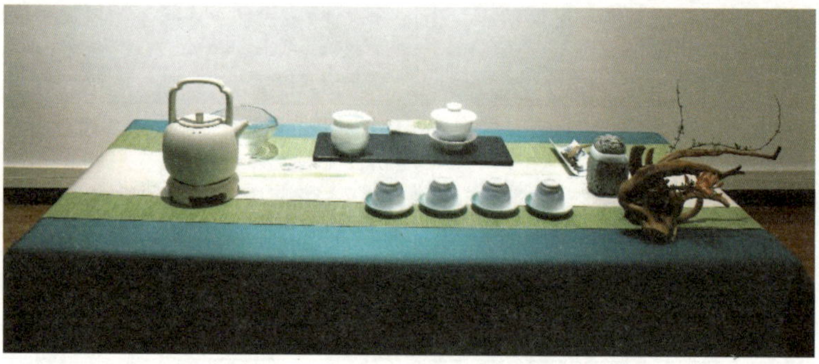

(学生解答)

解答:

(1)

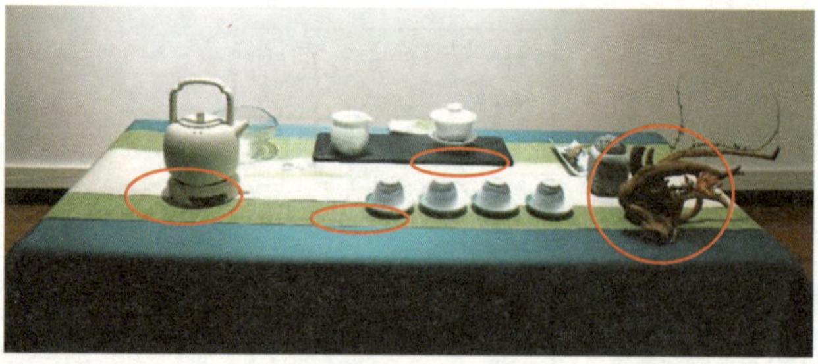

(2) 壶底座:与壶融为一体,使整个席面如茶山般错落有致。

杯垫:以山水为图案,与品杯搭配,使宾客如置身于茶山云雾中。

壶承:深色壶承上摆放着主泡器,寓意茶给曾经的贫困山区大地带来致富的希望。

花器:以杜鹃根为点缀品,插上几朵山野兰花,寓意扶贫工作者扎根贫困山区,在艰苦的环境中绽放花蕊,成就幸福人生。

【知识链接】

茶席辅助器物的分类及选配技巧

● 茶席功能性配件

壶承

选配技巧：①具稳定性，四平八稳地与茶席接触；②高度符合人体工学；③颜色衬托壶，而不抢过壶的风采；④在壶与壶承之间，可添加丝瓜络片作为壶垫，减缓两者之间的冲击和碰撞。

杯垫（杯托）

选配技巧：①具稳定性；②与品杯在颜色搭配上有深浅的渐变；③杯托不宜太高或扁平，需方便取托。

盖置、则置

选配技巧：①无异味；②小巧、有趣味耐把玩。

● 茶席装饰点缀品

茶席插花

选配技巧：①茶席插花需体现自然简洁、朴质淡雅、小巧精致；②尽量选择当季花材，表现时令节气的意境；③花器质地一般以竹、木、草编、藤编和陶瓷为主，以体现原始、自然、朴实之美。

工艺品小摆件

选配技巧：①工艺品选材有珍玉奇石、生活用品、乐器、民间艺术品、宗教法器、农产品、文玩古董等，要能表现茶席的主题；②所运用的工艺品，能有效地陪衬、烘托茶席的主题，不要喧宾夺主。

【实操练习】夏日，在荷塘边饮茶，请用身边可以使用的大自然元素搭配布设茶席并拍照。

【考核标准】

项目	分值	要求和 评分标准	扣分细则	扣分	得分
与主题的契合度	30	配件器物能渲染、烘托主题意境	1. 尚契合主题，扣 2 分； 2. 欠契合主题，扣 4 分； 3. 不能渲染、烘托主题，扣 6 分； 4. 其他因素扣分		
创意	20	配件器物有创意	1. 尚有创意，扣 2 分； 2. 有创意，欠合理，扣 3 分； 3. 喧宾夺主，扣 4 分		
实用	30	配件器物实用	1. 尚实用，扣 2 分； 2. 欠实用，扣 3 分； 3. 不实用，扣 5 分； 4. 其他因素扣分		
与茶席主器物的搭配	20	搭配合理	1. 尚合理，扣 0.5 分； 2. 欠合理，扣 2 分； 3. 搭配不合理，扣 5 分		

【学习总结】

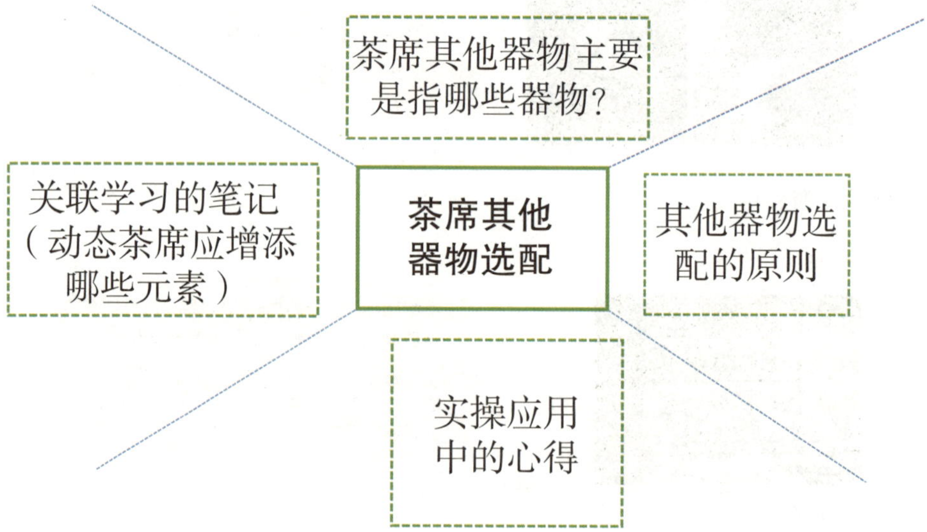

2.2 茶艺演示

学习导图

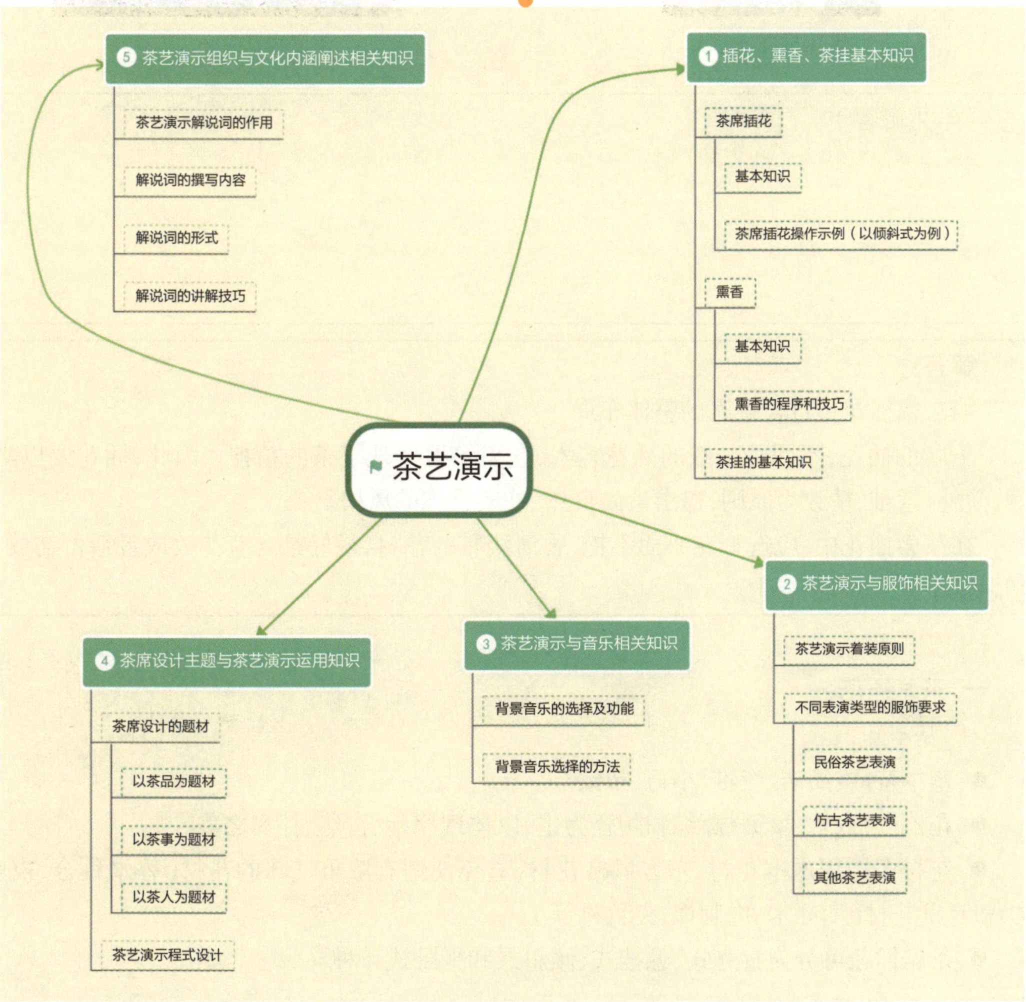

茶艺演示
1 插花、熏香、茶挂基本知识
茶席插花
基本知识
茶席插花操作示例（以倾斜式为例）
熏香
基本知识
熏香的程序和技巧
茶挂的基本知识
2 茶艺演示与服饰相关知识
茶艺演示着装原则
不同表演类型的服饰要求
民俗茶艺表演
仿古茶艺表演
其他茶艺表演
3 茶艺演示与音乐相关知识
背景音乐的选择及功能
背景音乐选择的方法
4 茶席设计主题与茶艺演示运用知识
茶席设计的题材
以茶品为题材
以茶事为题材
以茶人为题材
茶艺演示程式设计
5 茶艺演示组织与文化内涵阐述相关知识
茶艺演示解说词的作用
解说词的撰写内容
解说词的形式
解说词的讲解技巧

2.2.1 插花、熏香、茶挂基本知识

早在宋代，插花、挂画、焚香、点茶就被称为生活四艺，并同时体现在茶席之中。

【案例导入】

观察下列茶席中的插花，哪种更符合茶席的整体布置？请说出理由。

茶席插花 1

茶席插花 2

（学生解答）

解答：

第二幅插花更符合茶席的整体布局。

茶席的插花，不同于一般的插花艺术，它更多地体现了茶的精神。因此，插花要以幽静、简朴、素雅、精致为原则，追求崇尚自然、朴实秀雅的风格。

在茶席插花中，应选择花小而不艳，香清淡雅的花材，最好是含苞待放或者蓓蕾初放，切忌过于繁复，喧宾夺主。

【知识链接】

一、茶席插花

（1）基本知识。

- 基本特征：简洁、淡雅、小巧、精致。
- 花器以竹、木、草编、藤编和陶瓷为主，以体现原始、自然、朴实之美。
- 花材多选用木本花材、东方风格花材，避免使用有浓重气味的花材（香水百合、夜来香）和有毒花材（变叶木、虎刺梅、夹竹桃等）。
- 茶席插花可分为直立式、悬挂式、倾斜式和平卧式 4 种。

直立式

悬挂式

倾斜式

平卧式

（2）茶席插花操作示例（以倾斜式为例），见下表。

程序	技巧
1. 确定第一主枝	第一主枝的倾斜度大约在水平线上方 30°~60° 之间，利用一些自然弯曲或倾斜生长的枝条，表现其生动活泼、富有动态的美感
2. 确定第二、三主枝	第二、第三主枝围绕第一主枝进行排列变化，保持趋势统一和重心稳定。主枝大多数在两个不同的角度，俯瞰呈不等边三角形，呈立体感
3. 插入焦点花、补花、配叶	所有花材保持趋势统一和重心稳定

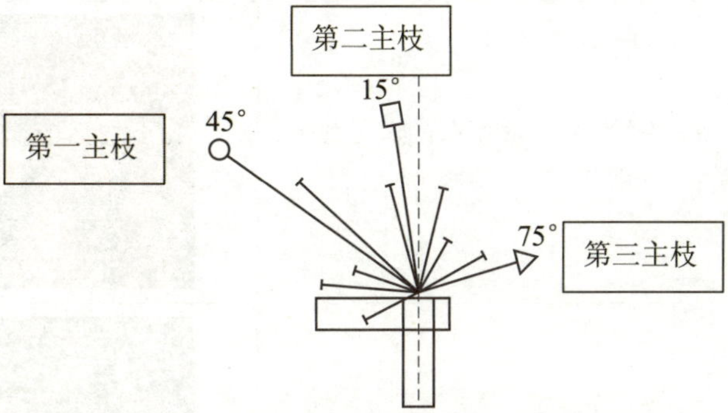

倾斜式插花结构图

二、熏香

(1)基本知识。

● 品茶时,香气点缀应适宜,不能喧宾夺主。

● 从外形看,品茶时香料宜简不宜繁。线香形制简洁,与亲近自然的茶道主题相得益彰;篆香曾用来标示一天时间的始终,点燃一头,香烟缭绕,时间在芬芳中流逝。

● 从原料看,熏香选择应当因茶制宜,茶和香一般有以下 3 种搭配(见下表)。

香与茶搭配类型	茶	选配的香
互补型	香味多变、清香鲜活的绿茶,如龙井	浓郁厚重、香味变化相对较少的香材
	口感鲜爽、香气清新的绿茶,如休宁松萝、太平猴魁等	花香果香、蜜香味较大的香材,如海南紫奇、越南棋楠等
	发酵程度高、茶性相对稳定、醇厚甜和的红茶,如金骏眉	高扬多变、穿透力强、凉意十足的香材
	生普洱	搭配沉香,一寒一热互补其性,口感显甘甜冷艳
	口味醇和、香气稳定、具有沧桑感的黄茶,如君山银针等	动感强、香味活跃多变的生结香材
促高型	香味高扬多变、枞味饱满的凤凰单丛	穿透力强、凉意十足的海南生结绿棋、越南芽庄绿棋
	韵味无限的铁观音	兰花香味饱满的白棋
	熟普洱	具有年代感的沉香
	甘甜岩韵花香武夷岩茶	海南棋楠
调理型	降火的绿茶	至阳之物,火性较大的沉香棋楠

(2)熏香的程序和技巧(以空熏法为例)如下表所示。

程序	技巧	图例
1. 打炭孔	在闻香炉中放入无味香灰,在闻香炉的中心位置挖一个炭孔	
2. 烧炭	点香炭时,以香炭变成红色但没有明火为宜	

续表

程序	技巧	图例
3. 入炭	利用香筷将香炭放入炭孔，并用香灰盖上	
4. 抹灰	运用香拍将香炭周围的香灰堆起如火山状，轻轻敲打以调整其形状、巨细和高度，形成平整的面	
5. 打炭孔	在香灰平面的顶部扎一个通往香炭的气孔可以有助于香炭的燃烧，也可以借此操控香炭的燃烧速度	
6. 放置云母片	在气孔开口处放上云母片。用香镊将香品置于垫片之上。若出烟，可以稍等，待其无烟时再开始品香；或将香灰加厚一点，即可减少烟气	
7. 置香材	将香材切割成小薄片状，用香镊将其放置到香盘之上	
8. 品香	一只手从炉底悄悄托起香炉，另外一只手拱成空心半球状以靠拢香气。将香炉放在胸前，慢慢吸气品香	

三、茶挂的基本知识

1.茶挂也就是茶席挂轴，内容采用与茶事相关联的字、画或字画结合。表达某种人生境界、人生哲理和人生感悟，或示意茶会的主题，体现茶人的用意。

2.整体风格应与茶席协调，烘托茶室氛围。茶挂的字画宜少不宜多，应重点突出。

3.茶挂的形式有单条、屏条、对联、横披、扇面等。

【实操练习】

1. 请按照倾斜式插花流程，完成一个倾斜式茶席插花作品，并将作品图片贴于下框中。

2. 请用隔火空熏的方式品香，并将品鉴感受写在下框中。

3. 请为以“感恩”为主题的茶席，选择一个适宜的茶挂。

【考核标准】

项目	分值	要求和评分标准	扣分细则	扣分	得分
茶席设计	30	设计新颖，功能完备	1. 茶席设计无美感，使用不方便，扣 20 分； 2. 茶席主题不突出，美感欠缺，扣 10 分； 3. 其他因素扣分		
插花选配	20	具有艺术性，紧扣茶席主题	1. 插花无美感，不适合茶席主题，扣 15 分； 2. 插花设计欠美感，扣 10 分； 3. 其他因素扣分		
熏香选择	20	茶与香搭配合理，充分体现茶性	1. 熏香选择不适宜，扣 15 分； 2. 熏香选择欠佳，扣 10 分； 3. 其他因素扣分		
茶挂选择	20	具有艺术性，紧扣茶席主题	1. 茶挂选择不适宜，破坏茶席美感，扣 15 分； 2. 茶挂选择欠佳，与茶席主题不符，扣 10 分； 3. 其他因素扣分		

【学习总结】

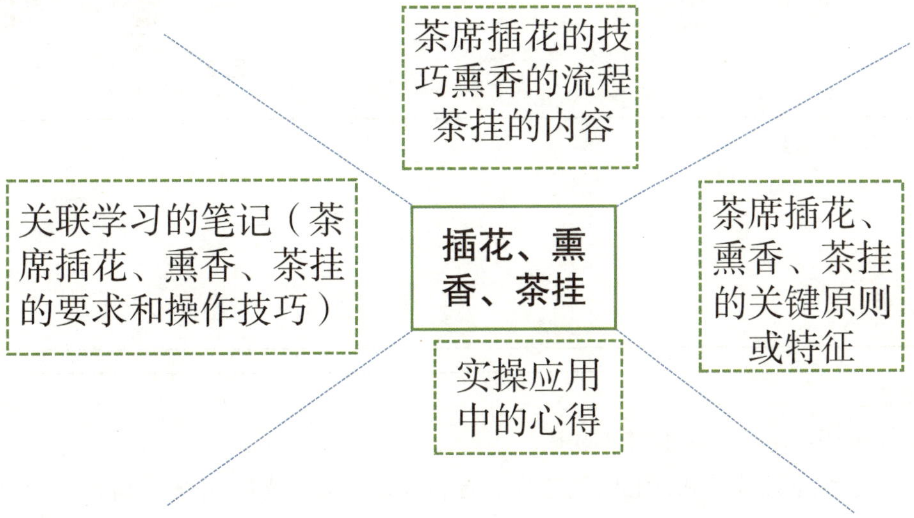

2.2.2 茶艺演示与服饰相关知识

服饰是仪表、仪容美的一个重要体现。服饰可反映出人的性格与审美情趣,并影响到沏茶者与品茶人之间的沟通效果。

【案例导入】观察下图。请问哪一套服装更适合从事茶事服务?请说出理由。

图 1

图 2

(学生解答)

解答: 图 1 的服装更适合从事茶事服务。 茶的本性是恬淡平和,因此,茶艺师的着装以整洁大方为好,不宜太鲜艳,要与环境、茶具相匹配。品茶需要一个安静的环境、平和的心态。如果泡茶者的服装太鲜艳,会破坏那种和谐、优雅的气氛,使人有浮躁不安的感觉。故在茶事服务过程中应以着中式服饰为宜,袖口不宜过宽,要方便操作。

【知识链接】

茶艺服务人员着装的原则是得体和谐,应根据活动的场合、茶艺演示的内容、环境、季节等变化进行选择。

纵观各种茶艺表演,大体可分为三类。

茶艺表演类型	茶艺表演内容	服装要求	图示
民俗茶艺表演	取材于特定的民风、民俗、饮茶习惯，以反映民俗文化等方面为主，经过艺术的提炼与加工，以茶为主体	这类茶艺演示应选择符合当地生活格调、风俗习惯、民族特色的服装	
仿古茶艺表演	取材于历史资料，经过艺术的提炼与加工，大致反映历史原貌为主体	茶艺表演服装要求选择符合历史原貌的服饰	
其他茶艺表演	取材于特定的文化内容，经过艺术的提炼与加工，以反映该特定文化内涵，以茶为载体的茶艺表演	如“禅茶表演”的服饰可选择“禅衣”，“新娘茶”的表演服饰以“新娘妆”为宜	

【实操练习】请为以下几个茶艺表演选择适宜的服饰。（在网上查找合适服饰的图片，并打印下来张贴在相应框内）

白族三道茶

四川长嘴壶

傣族竹筒香茶

【考核标准】

项目	分值	要求和评分标准	扣分细则	扣分	得分
服饰选择的艺术性	50	服饰的美观度	1. 服饰穿着不端正、不洁净,扣 30 分; 2. 服饰穿着尚端正,扣 15 分; 3. 服饰穿着欠美观,扣 5 分		
服饰与主题的契合性	50	服饰与茶艺表演主题的契合度	1. 服饰与茶艺表演类型不相协调,扣 30 分; 2. 服饰与茶艺表演类型欠协调,扣 15 分		

【学习总结】

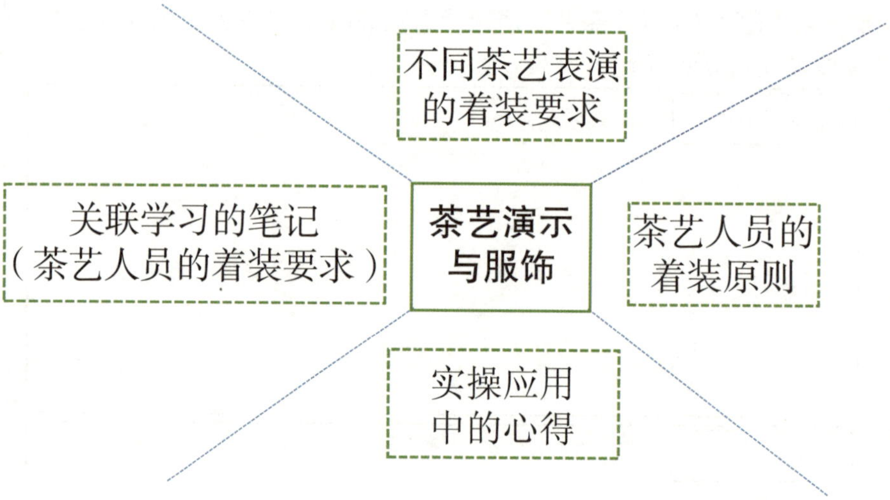

2.2.3 茶艺演示与音乐相关知识

音乐虽然没有国界、阶级(阶层)、民族、年龄、性别、身份之分,但音乐的产生,又总是受着不同地区、不同社会形态、不同社会文化及不同民族人们的心理因素的影响。因此,音乐就必然在旋律与节奏等元素中反映出不同地区、阶层、文化和时代的特征,并留下一定的文化印记;即使相同的音乐,用不同的乐器演奏,效果也不一样。这就要求在展演过程中,要选择在音乐形象上与茶艺演示的具体内容相吻合的乐曲来作为展演的背景音乐。

【案例导入】自从当代茶文化复兴以来,各类茶艺表演所选用的音乐大多是清一色的古曲,演奏的乐器也大多是古筝、古琴等。然而,随着学术界对中国茶道艺术研究的不断深入和中国茶艺表演的不断发展,中国茶艺无论是形式还是内容,都呈现出丰富多彩的可喜状况。那么,面对丰富多彩的茶艺形式,茶艺音乐在选择上应进行怎样的突破呢?

(学生解答)

少儿茶艺可选择的背景音乐及理由:________________

时尚茶艺可选择的背景音乐及理由:________________

解答:

少儿茶艺、时尚茶艺等,都从各自不同的特征中对茶道音乐这一基本元素提出了新的要求。我们应结合茶艺特点去选择与其相适应的音乐。少儿茶艺的本质特征是通过少儿对传统文化的继承来焕发少年儿童的天性,用清一色缓慢的古曲显然就有一定的局限性了,那么我们的音乐就应轻快、阳光一点,以符合少儿活泼好动的特点。时尚茶艺的本质特征是都市融合传统与现代的时尚生活的产物,在音乐形象上就应当融入现代的元素。

【知识链接】

(1)背景音乐选择的原则及功能如下表所示。

选择的原则	一是古朴、典雅;二是幽静、美妙、动听
功能	(1)创设情景,营造轻松愉快的氛围; (2)改善人的大脑及神经的紧张程度,安定情绪,愉悦性情; (3)音乐对茶馆产生的积极作用和效果

(2)背景音乐的选择方法如下表所示。

选择方法	标准	案例
根据不同的时代来选择	音乐的时代性是指那些在某一历史时期产生并广泛流行，深深地融入了那个时期的政治、社会、文化、经济、生活中，成为那个时期声音标志之一的音乐作品	《外婆的上海滩》《四季歌》
根据不同的地区来选择	音乐的区域特征主要来源于不同地区的民间曲调和在其基础上创作的戏曲、歌曲等音乐。这些带有浓郁地区特色的旋律，一听就知道来自何方	冲泡恩施玉露可以选择曲调悠扬的恩施山民歌，如《直尕思得》
根据不同的民族来选择	不同地区有不同的民族，甚至有的在同一个地区就包含有多种语言和民俗的民族	傣族的民族茶艺，可以选择葫芦丝的音乐，如《月光下的凤尾竹》
根据不同的宗教来选择	茶席设计往往会表现茶与道、佛之间的关系，这时，应注意根据不同的宗教来选择不同的宗教音乐作为背景音乐	表现"茶禅一味"，可选择佛教的梵音；表现"道法自然"，可选择道教的《三奠茶》等道教音乐
根据不同的风格来选择	粗犷、原始的物象，应选择那些音域宽广、宏大，富有强烈节奏感的音乐；器具组合细腻、灵巧，应选择那些节奏平缓、和声柔美的音乐。	

【实操练习】请为以下几个茶艺表演选择合适的音乐。

主题：
天辽地宁
辽红盛情

音乐：

主题：
大国茶礼

音乐：

【考核标准】

项目	分值	要求和评分标准	扣分细则	扣分	得分
音乐选择的艺术性	50	音乐动听优美	1. 音乐嘈杂，不好听，扣30分； 2. 音乐欠动听，扣15分； 3. 音乐不能引起共鸣，扣5分		
服饰与主题的契合性	50	音乐与茶艺表演主题的契合度	1. 音乐与茶艺表演类型不相协调，扣30分； 2. 音乐与茶艺表演类型欠协调，扣15分		

【学习总结】

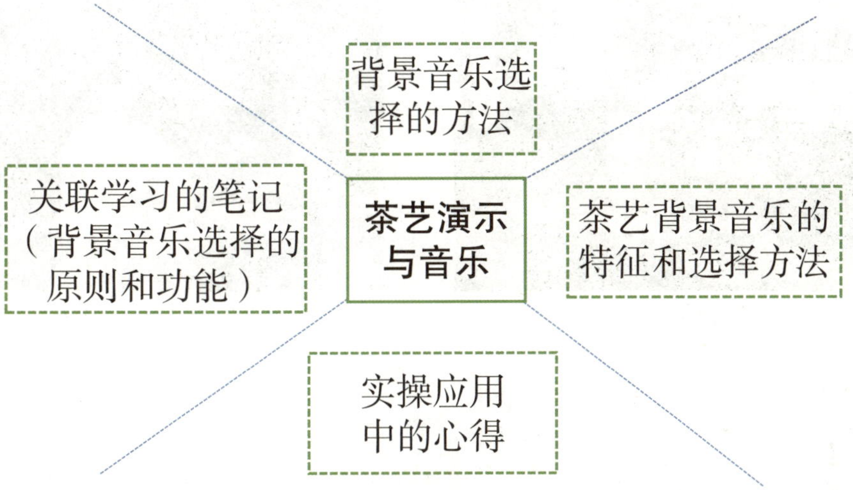

2.2.4 茶席设计主题与茶艺演示运用知识

一套好的茶艺不但要有一定的程式，还应该体现茶艺丰富的历史文化内涵，紧扣茶艺主题，这样才显得厚重，有韵致。

【案例导入】茶艺设计的主题不单单只是需要通过茶具的选择、摆放呈现出来，更多地应融入茶艺演示当中，通过茶艺演示人员的服饰、茶艺演示的背景音乐和茶艺演示的肢体语言展示。这里所指的茶艺演示和一般意义上的茶艺演示所不同的是，它是茶席设计总体形式中的茶艺演示，是茶席设计的一个组成部分，属于茶席的动态演示。观察下面的两组茶艺演示图片并回答问题。

图 1

图 2

（学生解答）

1. 图 1 属于__________，图 2 属于__________。

A. 一般意义上的茶艺演示　　　　B. 茶席的动态演示

2. 两者的区别是：________________________。

解答：

1. 图 1 属于一般意义上的茶艺演示，图 2 属于茶席的动态演示。

2. 茶席的动态演示所包括的茶艺表演诸要素，必须服从茶席设计所要体现的思想和艺术要求。因此，在茶品、服饰、音乐、肢体语言等要素的选择与设计上都不能离开茶席设计的主题而单独行事。例如，茶席设计的主题是宁静而淡泊，而茶艺演示却选择浓艳的服饰、跳跃的音乐等相悖的创意形式，那么，即使茶艺演示得再好，也是一个不成功的茶席设计。茶席设计总体形式下各要素（包括茶艺演示在内）的创意，都必须要体现茶席设计的主题，这便是把握茶艺动态演示诸要素的关键。

一般的茶艺演示指根据不同人对不同茶的饮用要求，按照不同茶品的特点，正确掌握茶量、水温、茶具的选择、泡茶时间、科学泡茶方法。

【知识链接】

一、茶席设计的题材

主题	细分主题	茶席的要点
以茶品为题材	表现茶品特征	以茶叶为主题，茶席设计和茶艺演示就必须围绕茶叶的风格、特征来展示
	茶品特性的体现	不同的茶叶展现不同的茶性。绿茶性苦，红茶性甘，普洱性陈。茶的不同冲泡方式，也给人以不同的艺术感受。要通过茶艺演示展示不同的饮茶环境、心境
	茶品特色的表现	茶有绿、红、青、黄、白、黑等颜色，这些颜色将茶色和器具、材料结合起来，用器色衬托茶色，则可以完美展示茶席设计元素
以茶事为题材	重大的茶文化历史事件	茶席设计要符合当时的情境
	特别有影响的茶文化事件	符合史实和当时的文化背景
	自己喜欢的事件	自己喜欢的茶事，不一定具有完美性，也不一定有什么影响力，但是亲切、生动、活泼，投入了自己一定的情感，由于熟知事件的细枝末节，将其作为茶席的题材，往往更能从新的角度挖掘出一定的内涵，使茶席和茶艺表演的思想内容更加丰富而深刻
以茶人为题材	以古代茶人为题材	古代茶人，历数千年，至今仍为人称颂者，可谓德高望重
	以现代茶人为题材	现代茶人中有许多是伟人、名人。同时，现代茶人中更多的是默默奉献之人。他们或著文立说，或授业育人，为振兴我国的茶科技、茶文化、茶产业作出了巨大的贡献
	以身边的茶人为题材	身边茶人，皆是平常之人。同行、同桌、邻里、亲朋，身边的茶人，都在脑海里装着。他们亲切、平和、真诚、友好，以他们为题材设计的茶席要传递给人以亲切和快乐

二、茶艺演示程式设计

茶艺编创就是通过对茶席、仪容服饰、环境、茶品和茶器具的选择，编创出一套茶艺演示的程式，体现出茶艺自然、朴素、雅静、和谐的内涵，显示出茶艺韵律美、节奏美。

1. 结构

茶艺的形式首先表现为整体的结构，体现出一种韵律，一套茶艺要有“起、承、转、合”。由于茶艺表演过程持续时间较短，这就要求茶艺表演过程应一气呵成，不能松散拖沓。

2. 程式

备具—温具—赏茶—投茶—冲泡—出汤—分茶—奉茶—品饮—收具。

3. 动作

茶艺动作包括手的动作、眼的动作、身体动作和面部表情等。如何通过简单的道具和动作语言把茶艺丰富的文化内涵和人文精神充分展示出来，这对茶艺编创者提出了很高的要求。

4. 神韵

神韵是茶艺文化内涵的表现，是茶艺的生命。茶艺不但要有个性、有特点，更要有一定的精神在里面，否则其文化内涵就无从谈起，也就没有“神韵”。

案例:《茶香染丝路》

(1)编创背景。在"一带一路"倡议背景下,追溯万里茶道上湖北砖茶的历史背景,将中国茶饮文化与俄罗斯茶饮文化相结合,通过茶艺编创背景、茶艺程式设计、茶文学、茶音乐、泡茶方式等不同要素的结合,由点及面,以茶艺编创的形式推动中国茶文化走向世界。

(2)茶席设计。本套茶艺表演反映的是中俄两国的茶饮文化,在茶台布局中应尽量还原两国的茶饮习俗。舞台的侧后方摆放圆形茶桌,茶席铺垫为俄罗斯风格的方格布,席面摆放俄罗斯茶炊"萨马特"、两套茶杯及调饮的牛奶和糖缸,采用现代坐式泡茶;舞台的中心偏右摆放古朴的长型矮桌,茶席铺垫为中国传统风格的蓝布,桌面摆放陶器茶具,采用古时煮茶法。两个茶台之间用一根长长的黄色宽边丝带连接,寓意漫漫茶路,一台极具沧桑感的鸡公车摆放在舞台一角,仿佛诉说着茶路艰辛运输的历史。

(3)结构及动作。以故事的形式塑造茶艺人物,其中,一男一女两名茶艺表演者着俄罗斯服装出场,以较为欢快的形式表现俄罗斯民间的以茶传情,另两位女茶艺师则跟随着程序的推进,以轻柔的形式进行湖北羊楼洞砖茶的煮茶表演。

(4)程式。煮水—温杯—投茶—洗茶—注水—正泡—出汤—赏色—分茶—品茶。

(5)神韵:通过两种不同的泡茶过程体现不同的茶饮文化。即:茶艺表演中,用茶炊泡茶,应用调饮的方式体现俄罗斯人民传统的茶饮文化;以碾茶、包茶、煮茶的方式呈现我国砖茶的茶饮文化。通过湖北至俄罗斯的万里茶路,体现中俄两国以茶增谊的情谊。

【实操练习】进行主题茶席设计和茶艺演示编创(主题三选一:九曲红梅、焚琴煮茶、爷爷的茶)。

【考核标准】

项目	分值	要求和评分标准	扣分细则	扣分	得分
茶具识别配套摆放技能	10	①茶具配套齐全、准备利索。 ②洁净卫生	1. 茶具准备错乱,准备不利索,不洁净,摆放欠美观,扣6分; 2. 主要茶具配套齐全,准备尚利索,尚洁净,扣4分; 3. 茶具配套齐全,准备尚利索,尚洁净,扣2分		
茶艺演示程式	25	演示过程顺畅地完成	1. 未能连续完成,中断或出错三次以上,扣20分; 2. 能基本顺利完成,中断或出错二次以下,扣15分; 3. 能不中断地完成,出错一次,扣5分。		
茶艺演示艺术	25	演示动作表现得当,体现艺术特色	1. 演示动作表现平淡,缺乏艺术感,扣20分; 2. 演示动作表现基本适当,尚显艺术感,扣15分; 3. 动作掌握适当,较显艺术感,扣5分。		
茶汤质量	20	茶汤温度、汤色、滋味、香气符合要求	1. 茶汤未表现出该茶类的品质特征,扣15分; 2. 茶汤尚表现出该茶类的品质特征,扣10分。		
茶艺演示与主题的契合性	20	茶艺表演与主题的契合度	1. 主题与茶艺表演类型不相协调,扣15分; 2. 主题与茶艺表演类型欠协调,扣10分;		

【学习总结】

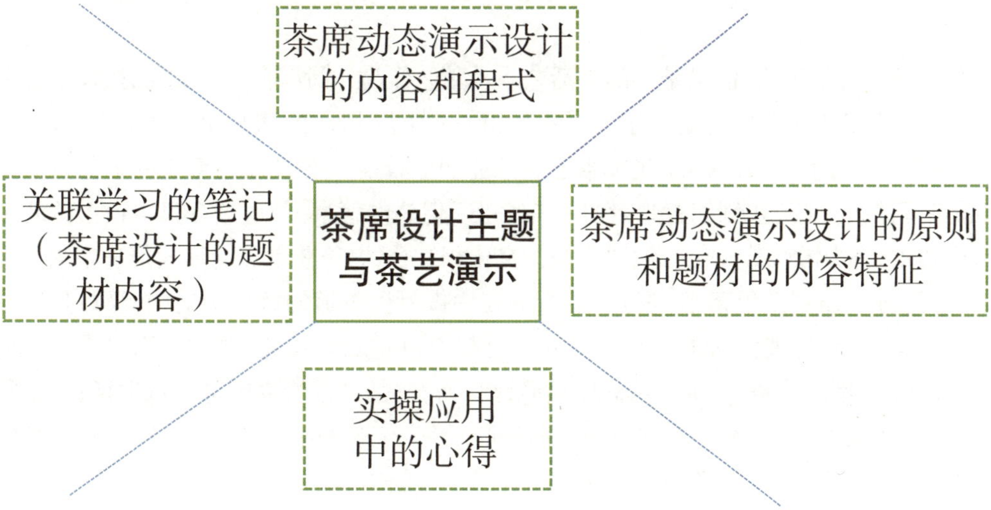
茶席动态演示设计的内容和程式
关联学习的笔记（茶席设计的题材内容）
茶席设计主题与茶艺演示
茶席动态演示设计的原则和题材的内容特征
实操应用中的心得

2.2.5 茶艺演示组织与文化内涵阐述相关知识

茶艺源于日常生活,但又是一门生活艺术。茶艺作为一门综合性的文化,蕴涵了许多文化要素。在茶艺编演和茶艺解说中要尽量与相关文化艺术结合,表现出高雅的文化性。

【案例导入】下图为获得湖北省第七届茶业职业技能大赛最佳创编奖的茶艺表演节目《茶香染丝路》。此茶艺创编背景:在“一带一路”倡议的背景下,追溯万里茶道上湖北砖茶的历史背景,将中国饮茶文化与俄罗斯茶饮文化相结合,以茶艺创编的形式推进中国茶文化走向世界。古时的“万里茶道”经过湖北,而在中俄万里茶道的辉煌历史中,汉口是世界最大的茶叶集散地,是俄罗斯茶商心目中的茶道起点,有“东方茶港”之称。当时赤壁是世界有名的国际茶叶贸易名镇,茶叶从赤壁运到汉口后,一是经过恰克图进入俄罗斯;一是经敦煌到伊犁、阿拉木图,进入中亚,再到欧洲各地。因此,《茶香染丝路》就是以羊楼洞米砖和青砖茶为依托,以中俄万里茶道的茶文化为背景进行创作的。

创编者:湖北艺术职业学院旅游学院茶艺高级技师刘晓芬

请你根据以上内容,介绍一下《茶香染丝路》解说词应对哪些文化内涵进行阐述?

(学生解答)

解答:

1. 俄罗斯茶饮文化
2. 湖北砖茶文化
3. 中俄万里茶道、茶情

【知识链接】

茶艺演示组织与文化内涵的阐述

茶艺演示文本及解说词

作者姓名:张祥鸿(湖北省鹤峰县中等职业技术学校)	作品名称:《绿溢未来》
文本	1. 主题思想 茶艺《绿溢未来》表现的是通过冲泡一杯来自贫困地区的有机绿茶,褒扬新时期扶贫工作者扎根农村、发展农业,带领贫困农民种植有机绿茶,以“一叶”促“百业”,从而彻底改变偏远贫困地区农民生活,走出一条生态环保、持续发展的脱贫之路。一杯清醇甘甜、满溢幸福的有机绿茶,是摆脱贫困之后的茶农对未来农村新时代高质量发展美好生活的喜悦憧憬! 2. 创作思路 基层扶贫工作者按照“绿水青山就是金山银山”的发展思路,通过发展“有机茶产业”实现了贫困户脱贫致富。 一枝一叶总关情,一点一滴践初心。散布在各地扶贫点的工作者如星星之火,在带领贫困地区农民种植有机茶的脱贫路上,干部与农民同吃同住同劳动,多少回劳苦奔波、走村串户,多少次思想碰撞、促膝谈心,与农民建立了深厚的感情,同时也用实际行动践行着“为中华民族谋复兴、为中国人民谋幸福”的初心和使命,正是无数扶贫工作者舍小家的烛萤之光换来了贫困农民脱贫致富的灿烂朝阳。 透过这杯满溢清香的有机绿茶,我们看见的是扶贫工作者呕心沥血、一心为民的崇高情怀,致富农民感谢党恩、致敬干部的喜悦泪水,干部群众摆脱贫困、欢欣鼓舞的喜庆场景,我们感受到的是中华儿女共同繁荣共同进步,走向更加美好生活的不竭源泉! 3. 茶叶品名 金阳有机绿茶 4. 背景与茶席 背景分三个部分呈现。①一轮旭日冉冉升起,照耀着满眼苍翠的茶山,那是脱贫致富的灿烂朝阳。②透过一杯满溢清香的茶回顾扶贫工作者深入贫困山区带领农户种植有机绿茶脱贫的艰辛历程。③展现老百姓们通过种植有机绿茶脱贫致富后的丰收喜悦。 茶席设计采用中心结构式,以绿色为铺垫,以带有山水间图案的茶具作为主泡器,寓意着好茶生长在山水间;茶席上以杜鹃根为点缀品,插上几朵山野兰花,寓意扶贫工作者扎根贫困山区,在艰苦环境中绽放花蕊,成就幸福人生。 5. 茶艺音乐 《溪行桃花源》。扶贫工作者带领贫困山区老百姓脱贫致富,过上小康生活,这就是我们心中的桃花源。 6. 演示流程 布席、布具——讲解——温盖碗、品茗杯——置茶——浸润泡——摇香——冲泡——出汤——分茶——奉茶——品茶 7. 创新点 茶艺《绿溢未来》的创新点如下。①主题立意高,体现时代特点。2020年是我国脱贫攻坚、全面建成小康社会的收官之年、决胜之年,中华民族将以更加昂扬的姿态阔步迈向下一个百年目标的新征程。②选材角度佳,突出以小见大。扶贫工作者精准扶贫,帮助农民种植有机茶,走共同富裕之路。以“一叶”见“大业”,以“绿色”见“生命”,彰显生态环保可持续发展的新理念。
解说词	有一种情怀叫一心为民,有一种风景叫满眼苍翠,有一种未来叫中华同辉。 我,是一名下派到贫困山区的驻村干部。今天,我想与大家分享的是:我们的扶贫成果——一杯来自偏远贫困山区的有机绿茶。 这茶,让我想起了这几年的扶贫工作经历,就像电影片段一样,浮现在我的脑海中:离开了城市的喧嚣和繁华,扶贫路上我们挥泪把汗洒,家中的爸妈时常在牵挂,远方的女儿到底在干啥? 那满眼的荒山、泥泞的道路、渴望改变贫困的目光,让初到贫困山村的我看在眼里急在心上。按照“因地制宜、一村一策”的精准扶贫思路和“绿水青山就是金山银山”的发展理念,我们倾情打造全域有机生态茶园,不断做实做强茶叶产业。为了脱贫攻坚,再苦再累都不怕! 多少回走村串户,多少次促膝谈心,多少个披星戴月,任凭风吹雨打,不论春秋和冬夏,不忘初心报效国家! 牢记使命建设大中华! 一枝一叶总关情,一点一滴践初心。现在,全域有机生态绿茶给贫困农民带来了实实在在的增收,脱贫攻坚战取得圆满胜利! 老百姓们正踏上因茶而美、因茶而富的幸福之路! 脸上洋溢的是对未来美好生活的甜蜜向往!

茶艺演示中文化内涵的阐述包括:演示文本及解说词的撰写、茶艺的现场演示。

茶艺演示文本中文化内涵的阐述需通过**主题思想、创作思路、茶叶品名、背景与茶席、茶艺音乐、演示流程、创新点**等方面体现。

解说词的形式与讲解

- 解说词的形式丰富多彩,如故事叙述、诗词朗诵、动作解读、情景融入等。
- 个人茶艺演示的讲解,需自演自讲;较多人参与,可以配茶艺解说人员。总体要求:普通话标准、语音语调自然,有代入感,能引导观众体会茶艺演示所呈现的完整内容,充分理解茶艺演示的文化内涵。

【实操练习】根据案例导入中《茶香染丝路》所给的背景资料,写出并朗读解说词。

【考核标准】

项目	分值	要求和评分标准	扣分细则	扣分	得分
主题与创新	25	主题鲜明,有原创性	1. 主题模糊,扣 20 分; 2. 主题不明显,缺乏创新,扣 15 分; 3. 主题鲜明,创新性不够,扣 5 分		
程序与演绎	20	程序合理,技法熟练	1. 程序不合理,动作表现平淡,扣 15 分; 2. 演示动作表现基本适当,尚显艺术感,扣 10 分; 3. 动作掌握适当,较显艺术感,扣 5 分		
解说的文化性	30	词美意深	1. 解说词不优美,没有文化内涵,扣 25 分; 2. 解说词优美,文化性欠缺,扣 15 分; 3. 解说词优美,文化性尚显,扣 5 分		
解说的技巧和音效	25	语音语调适宜,富有感染力	1. 语音语调不恰当,解说不清楚,扣 20 分; 2. 语音语调平和,没有感染力,扣 15 分; 3. 音量适宜,感染力不足,扣 5 分		

【学习总结】

3

茶间服务

3.1 茶事推介

学习导图

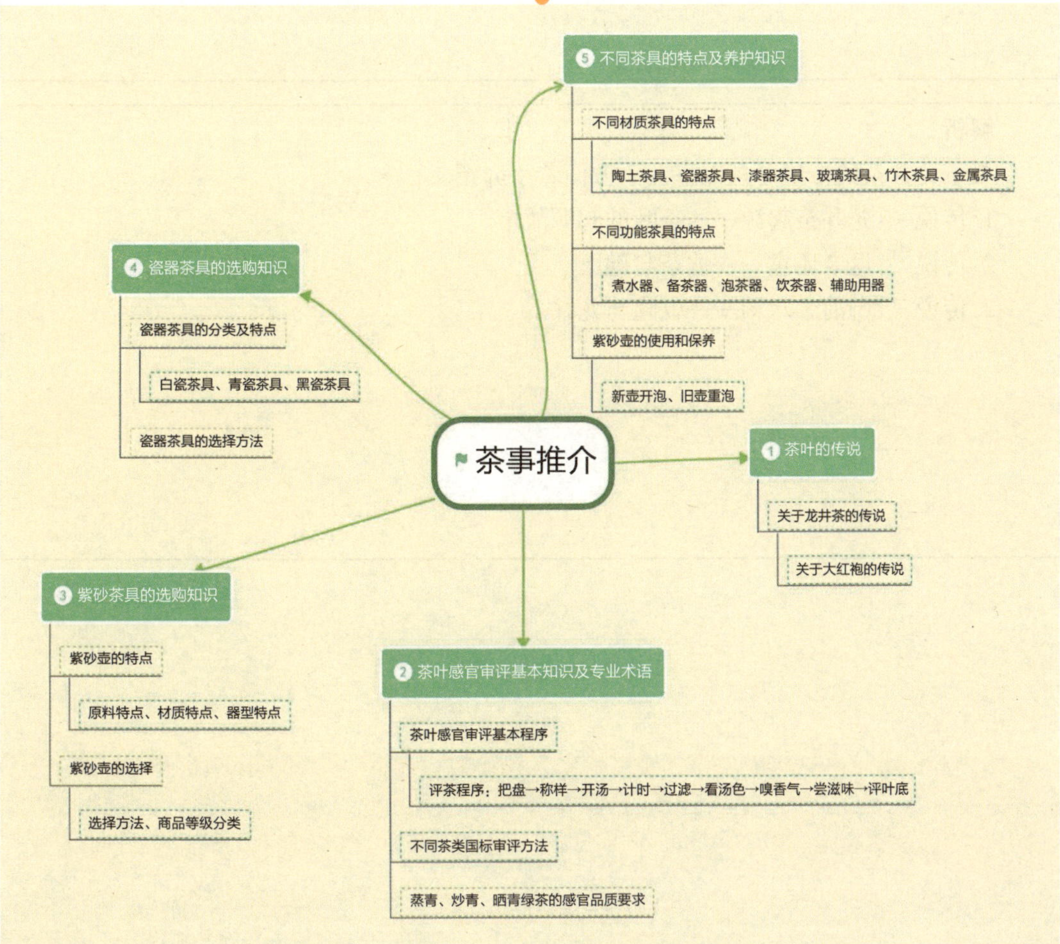

茶事推介
1 茶叶的传说
关于龙井茶的传说
关于大红袍的传说
2 茶叶感官审评基本知识及专业术语
茶叶感官审评基本程序
评茶程序：把盘→称样→开汤→计时→过滤→看汤色→嗅香气→尝滋味→评叶底
不同茶类国标审评方法
蒸青、炒青、晒青绿茶的感官品质要求
3 紫砂茶具的选购知识
紫砂壶的特点
原料特点、材质特点、器型特点
紫砂壶的选择
选择方法、商品等级分类
4 瓷器茶具的选购知识
瓷器茶具的分类及特点
白瓷茶具、青瓷茶具、黑瓷茶具
瓷器茶具的选择方法
5 不同茶具的特点及养护知识
不同材质茶具的特点
陶土茶具、瓷器茶具、漆器茶具、玻璃茶具、竹木茶具、金属茶具
不同功能茶具的特点
煮水器、备茶器、泡茶器、饮茶器、辅助用器
紫砂壶的使用和保养
新壶开泡、旧壶重泡

3.1.1 茶叶的传说

中国自古以来有很多关于茶的传说。如碧螺春——“碧螺姑娘与阿祥”、铁观音——“观音托梦”、龙井茶——“十八颗茶树返老还童”等。茶叶的传说,赋予了茶深刻的人文意蕴,让它充满文学色彩,对茶叶的推广传播有重要意义。茶艺师根据茶叶的传说可深入了解民间茶俗及茶文化知识,有利于更好地开展茶事工作。

【案例导入】茶艺馆最新推出了西湖龙茶,为了更好地推介此款茶,店长准备组织一期茶会,茶会主题为:龙井传说。请根据龙井茶的传说,设计一套茶品推介词或茶会主题词。

(学生解答)

解析:

关于龙井茶的传说可从以下几个方面着手介绍。

1. 传说一:龙井茶起源——茶叶的起源故事
2. 传说二:返老还童——饮茶与健康
3. 传说三:御前十八颗——乾隆与龙井

【知识链接】关于大红袍的传说

相传有个秀才进京去赶考，途径武夷山时病倒了，刚好被一方丈遇到，便将其带回寺中救治

方丈从九龙窠采下茶树叶子泡水给秀才饮用，秀才喝了几日茶水，没几天就康复了

康复后，秀才进京赶考高中状元，回来报答方丈，恰好皇上这时病了，怎么治都不好，秀才将此茶献给皇上饮用，皇上喝了这个茶，茶到病除

于是，御赐红袍一件，让状元带去披在树上，同时并封其为御茶，往后地方年年进贡此茶。后来，这茶就被广为流传，称为大红袍

【实操练习】如图所示，回答下列问题，解释下图中表达的是哪款茶的典故。

1. 请写出图中描述的茶叶名称：______________________________

2. 请讲述出这款茶的典故：______________________________

____

【考核标准】

项目	分值	要求和评分标准	扣分细则	扣分	得分
能准确结合茶叶传说推介茶叶	50	正确讲述与所推介茶叶适宜且合理的传说	1. 未能适宜且合理讲述某款茶的传说，扣 20 分 2. 能基本适宜且合理讲述某款茶的传说，扣 15 分 3 尚能适宜且合理讲述某款茶的传说，扣 10 分		
能结合茶叶传说设计特色茶会	50	设计与茶叶传说相关的特色茶会	1. 设计茶会时能合理穿插茶叶传说，表述欠正确，欠合理，欠有特色的，扣 20 分 2. 设计茶会时能合理穿插茶叶传说，表述基本正确，基本合理，稍有特色的，扣 15 分 3. 设计茶会时能合理穿插茶叶典故与传说，表述尚正确，尚合理，尚有特色的，扣 10 分		

【学习总结】

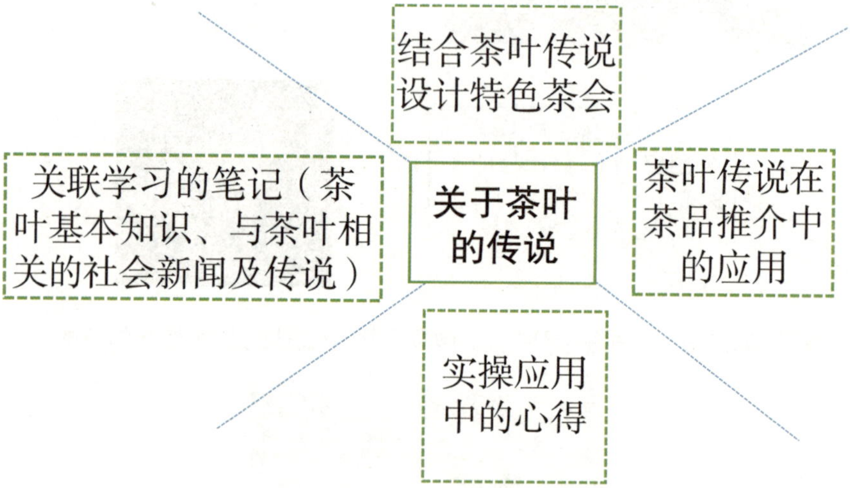

3.1.2 茶叶感官审评基本知识及专业术语

茶叶感官审评是依靠人的嗅觉、味觉、视觉、触觉等感觉来评定茶叶品质的一项专业技能。在茶艺师工作中，通过茶叶感官审评可正确评判茶叶等级，从而把握茶叶原料品质、正确开展茶叶推介等茶事服务。

【案例导入】茶艺馆新推出了不同等级的恩施玉露，在茶事服务中，茶艺师需要向顾客推荐不同等级的恩施玉露，在此之前需要了解不同等级恩施玉露的品质特征。请用茶叶感官审评方法记录不同等级恩施玉露的特点，并根据其品质特征划分茶叶产品档次和客户群体，便于茶叶推介。

（学生解答）

恩施玉露等级	品质特征					档次	客户群体
	外形	香气	汤色	滋味	叶底		

解析：

恩施玉露等级	品质特征					档次	客户群体
	外形	香气	汤色	滋味	叶底		
特级	形似松针、色泽翠绿	清香持久	清澈、明亮	鲜爽、回甘	嫩匀、明亮	高档	高端礼盒
一级	紧细挺直、色泽绿润	清香尚持久	嫩绿、明亮	鲜醇、回甜	绿、明亮	中档	中端礼盒
二级	挺直、墨绿	清香	绿、明亮	醇和	绿、尚亮	中档	中端礼盒、商务小罐

湖北省地方标准感官审评术语：DB42/T 351—2010

【知识链接】

（1）茶叶感官审评基本程序。

评茶程序：把盘→称样→开汤→计时→过滤→看汤色→嗅香气→尝滋味→评叶底。

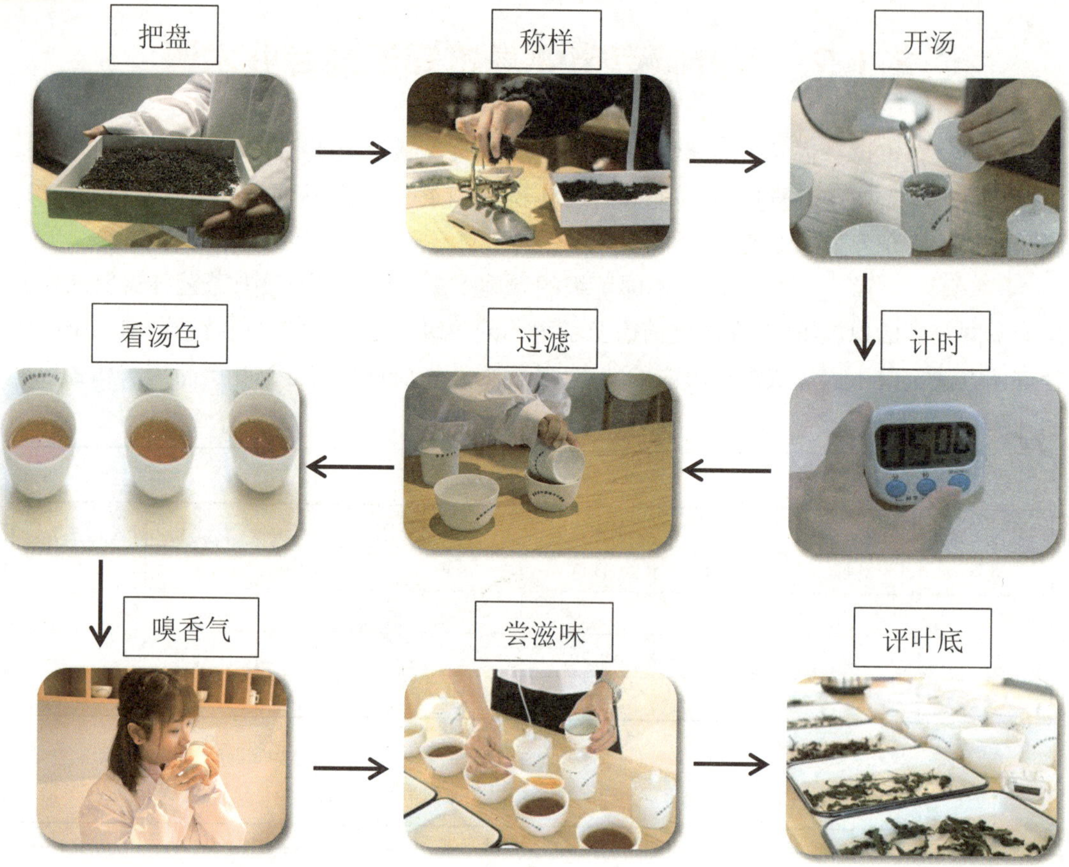

（2）不同茶类国标审评方法如下。

茶叶内质审评

审评方法	茶类	茶水比例	浸泡时间/min
柱形杯	绿茶	1∶50	4
	红茶	1∶50	5
	白茶	1∶50	5
	黄茶	1∶50	5
	乌龙茶（条形、卷曲形）	1∶50	5
	乌龙茶（卷结形、蜷曲形、颗粒形）	1∶50	6
	黑茶	1∶50	2；5
	紧压茶	1∶50	2~5；5~8
盖碗	乌龙茶	1∶22	2；3；5

柱形杯审评法

盖碗审评法

（3）蒸青、炒青、晒青绿茶的感官品质要求如下所示。

蒸青绿茶各级感官品质要求

级别	要求							
	外形				内质			
	条索	色泽	整碎	净度	汤色	香气	滋味	叶底
特级（针形）	紧细重实	乌绿油润，白毫显露	匀整	匀净	绿明亮	清高持久	浓醇鲜爽	肥嫩绿明亮
特级（条形）	紧结重实	灰绿润	匀整	匀净	绿明亮	清高持久	浓醇爽	肥嫩绿亮
一级	紧结、尚重实	灰绿润	匀整	有嫩茎	黄绿亮	清香	浓醇	嫩匀黄绿亮
二级	尚紧结	灰绿尚润	尚匀整	有茎梗	黄绿	纯正	浓尚醇	尚嫩黄绿
三级	粗实	灰绿稍花	欠匀整	有梗朴	绿黄	平正	浓欠醇	叶张尚厚实、黄绿稍暗

烘青精制绿茶各级感官品质要求

级别	要求							
	外形				内质			
	条索	色泽	整碎	净度	汤色	香气	滋味	叶底
特级（针形）	肥壮有锋苗有毫	绿油润	匀整	净	黄绿明亮	嫩香	浓醇鲜爽	肥嫩软、匀齐绿明亮
一级	紧结有锋苗	绿润	匀整	尚净	黄绿、尚明亮	清香	浓醇爽	嫩匀绿明亮
二级	尚紧结	绿尚润	尚匀整	有嫩茎	黄绿尚亮	尚清香	尚浓爽	嫩尚匀亮
三级	尚紧	尚绿润	尚匀整	稍有茎梗	黄绿稍明	纯正	醇和	尚嫩匀、尚绿亮
四级	稍松	黄绿	尚匀	有茎梗	黄绿	平正	尚醇和	稍有摊张，黄绿
五级	稍粗松	黄绿稍枯	尚匀	有梗朴	黄稍暗	稍粗	平和	稍粗大、黄绿稍暗
六级	粗松、轻飘	黄稍枯	欠匀	多梗朴片	黄暗	粗	粗淡	粗硬稍黄暗

炒青精制绿茶各级感官品质要求

级别	要求							
	外形				内质			
	条索	色泽	整碎	净度	汤色	香气	滋味	叶底
特级	肥嫩紧结、显锋苗	灰绿光润	匀整平伏	洁净	黄绿明亮	清高持久	浓厚鲜爽	肥嫩匀、黄绿明亮
一级	肥壮紧结、有锋苗	灰绿润	匀整	稍有嫩梗	黄绿亮	清高	浓厚	肥厚、黄绿亮
二级	尚紧结	黄绿	尚匀整	有嫩梗、卷片	黄绿尚亮	纯正	浓尚醇	厚实尚匀、黄绿尚亮
三级	粗实	绿黄稍杂	欠匀整	有梗片	绿黄	平正	浓带粗涩	欠匀绿黄

【实操练习】根据不同茶叶,选出相应外形术语、茶类名称。

茶类名称	图片	外形术语
碧螺春		凤羽形，芽较壮。较挺直，隐毫，嫩绿润，匀整
信阳毛尖		条索纤细卷曲成螺，白毫密布，银绿翠润
西湖龙井		扁平光滑，匀齐，嫩黄绿较润
安吉白茶		条索紧细，圆直，白毫显，嫩绿较润，显锋苗，匀净

【考核标准】

项目	分值	要求和评分标准	扣分细则	扣分	得分
能根据茶叶正确判断茶叶等级	30	正确判断茶叶等级	1. 未能正确判断茶叶等级优次,扣 15 分; 2. 能基本正确判断茶叶等级优次,扣 10 分; 3 尚能正确合理判断茶叶等级优次,扣 5 分		
根据茶叶等级准确介绍茶品品质特征	40	推介不同等级品质茶叶	1. 未能够正确向客人推介不同等级茶叶,品质表述欠正确,欠合理,扣 20 分; 2. 能基本正确向客人推介不同等级茶叶,向客人推介茶品茶点,品质表述基本正确,基本合理,扣 15 分; 3. 尚能正确向客人推介不同等级茶叶,品质表述尚正确,尚合理,扣 10 分		
茶叶审评操作规范	30	茶叶审评操作程序规范	1. 取样动作不规范,扣 3 分; 2. 称样动作错误,扣 3 分; 3. 冲泡动作不规范,扣 2 分; 4. 沥汤动作不规范,扣 3 分; 5. 湿评内质操作顺序错误,扣 10 分; 6. 看汤色、闻香气动作错误,扣 5 分; 7. 尝滋味动作错误,扣 2 分; 8. 评叶底动作错误,扣 2 分		

【学习总结】

茶叶审评程序、不同等级茶叶品质特征

- 茶叶感官审评与茶叶品质之间的关系
- 茶叶感官审评操作基本流程及不同等级茶叶要求的原则
- 实操应用中的心得
- 关联学习的笔记（茶叶感官评价术语、不同茶类的等级标准）

3.1.3 紫砂茶具的选购知识

“器为茶之父,水为茶之母”。水、茶具、茶叶要相互配合,才能泡出一壶好茶。茶壶的种类繁多,其中以紫砂壶最为常用。茶叶与壶的搭配,最好是“门当户对,志气相投”,因此紫砂壶的选购方法也是茶艺师的必修内容。

【案例导入】店内新进了一批造型各异的紫砂壶,需要为每款紫砂壶配备标牌,以便顾客观看,初步了解每款紫砂壶的基本特点。如下所示,设计一款你认为最适合茶艺馆展示紫砂壶的标牌。

(学生解答)

产品:紫砂壶

解析:

产品:紫砂壶

产地:__________
材质:__________
壶型:__________
质地:__________
试泡茶类:__________

【知识链接】

（1）紫砂壶的特点如下。

特点	内容
原料特点	紫泥、绿泥、红泥
材质特点	✧ 可塑性好 ✧ 干燥收缩率小 ✧ 能单独成陶 ✧ 成型后不需要施釉
器型特点 1	✧ 花货：根据自然界、动物界的自然形态，用浮雕、半浮雕等造型装饰设计成仿生形象的茶壶 ✧ 如陈鸣远“南瓜壶”、供春树瘿壶、松竹梅壶
器型特点 2	✧ 光货：几何体造型，根据球形、筒形、立方、长方及其他几何形状变化而来 ✧ 如石瓢壶、汉扁壶、仿古壶、水平壶、西施壶
器型特点 3	✧ 筋囊货：将自然界的瓜棱、花瓣、云水纹等形体分为若干，把生动流畅的筋纹纳入设计中 ✧ 如菱花壶、合菊壶、半菊壶、风卷葵

(2)紫砂壶的选择如下所示。

紫砂壶的选择方法

项目	要点
造型	嘴、把、体均衡一致
质地	温润
功能	出水流畅
	壶嘴通畅
	壶盖紧密

紫砂壶的商品等级分类

类别	特点
粗货	价格低廉、经济实用、成本低
	造型简练、大方、一型多产
	不讲“艺”,只讲“用”
细货	经济实用的工艺美术品
	既讲“艺”,又讲“用”
	良工巧匠之品,以传统造型为主
特种工艺品	名艺人的手制作品
	造型完整,工艺质量高
	价格不菲,具有文物价值的历史产品

【实操练习】根据如下图片,填写下列表格。

1. 请描述图中紫砂壶器型特点:______

2. 根据图中紫砂壶的特点描述选购方式:______

______

【考核标准】

项目	分值	要求和评分标准	扣分细则	扣分	得分
紫砂壶的特点	50	熟悉紫砂壶的特点	1. 未能正确合理讲解紫砂壶的特点,扣 20 分; 2. 能基本正确合理讲解紫砂壶的特点,扣 15 分; 3. 尚能正确合理讲解紫砂壶的特点,扣 10 分		
紫砂壶的选购	50	推介表述正确且合理	1. 向客人介绍紫砂壶选购方法,表述欠正确,欠合理,扣 20 分; 2. 向客人介绍紫砂壶选购方法,表述基本正确,基本合理,扣 15 分; 3. 向客人介绍紫砂壶选购方法,表述尚正确,尚合理,扣 10 分		

【学习总结】

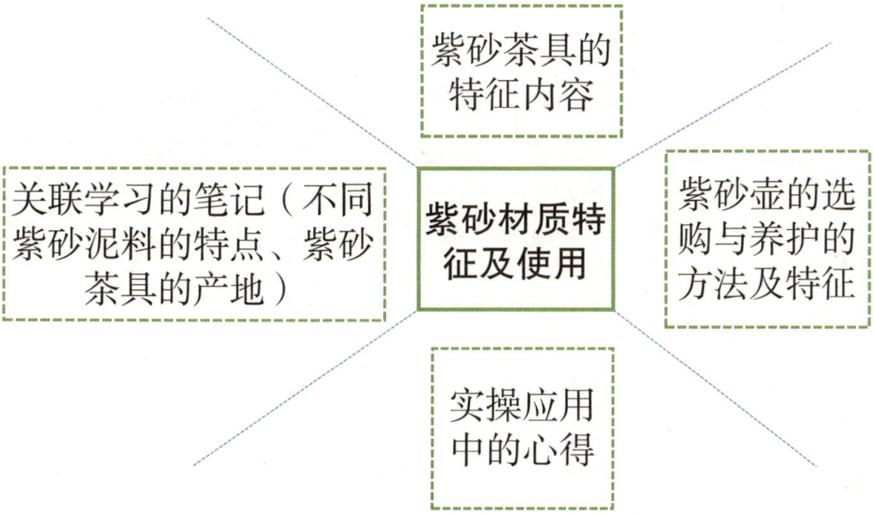

3.1.4 瓷器茶具的选购知识

瓷器是传统中华文明道路上的一面旗帜，瓷器茶具与中国茶的搭配，让中国茶传播到了世界各地。在众多材质茶具中，瓷器茶具最为丰富，具有造型美观、没有异味、保温适中、不易炸裂、受众度高、适用性最广等特点。因而，瓷器茶具的选购方法也是茶艺师必修的内容。

【案例导入】黄总在店内购买了祁门红茶礼盒准备送给合作已久的客户，他想再买套茶具礼盒一起送给客户，本着“好茶配好器”的原则，你开始向黄总推荐店内合适的茶具，让黄总可以买到心仪的茶具礼盒。下面请简述推荐的茶具礼盒款式，并给出推荐理由及选购方法。

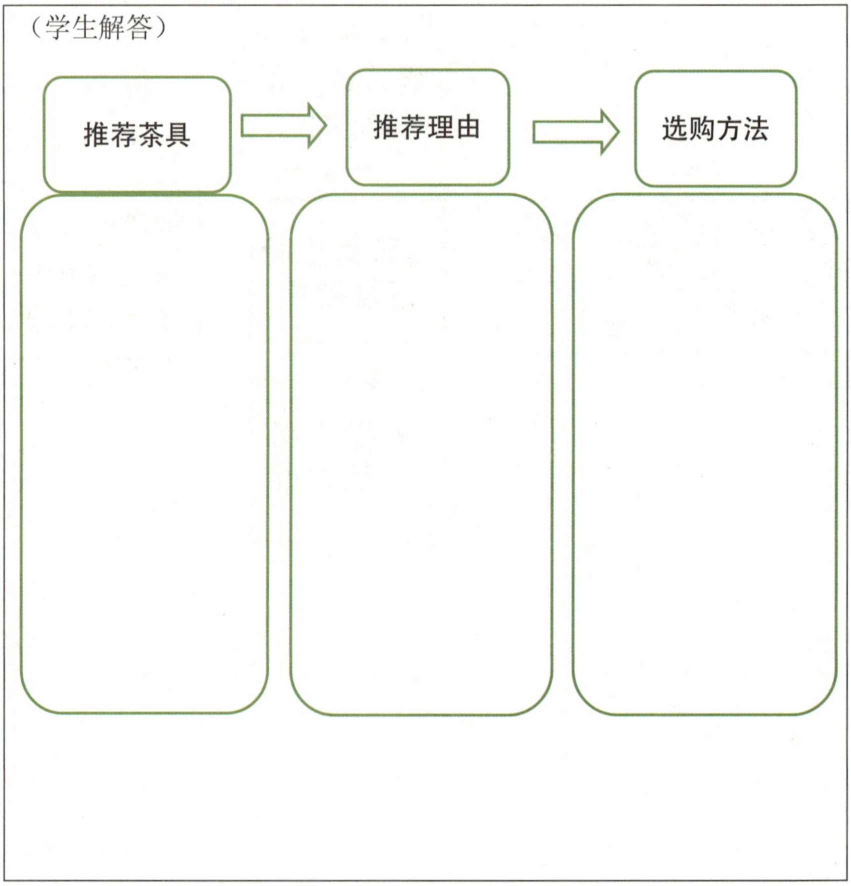

解析：

推荐茶具 → 推荐理由 → 选购方法

推荐茶具

1. 瓷器茶具：白瓷茶具礼盒
2. 主泡器为白瓷盖碗或白瓷壶，公道杯为玻璃或白瓷

推荐理由

红茶宜用白瓷盖碗冲泡，用玻璃公杯赏汤，便于衬托它的宝光、金圈、汤色红艳等特点

选购方法

1. 器形是否周正，有无变形；色度一致，有无砂钉、气泡眼等
2. 白瓷以“白如玉、明如镜、声如磬、薄如纸”为极佳，表面温润洁净，用灯光照射透亮无暇可判断为好瓷器

【知识链接】

(1)瓷器茶具的分类及特点如下。

分类	特 点
白瓷茶具	❖ 以色白如玉而得名，具有坯质致密透明，上釉、成陶火度高，无吸水性，音清而韵长等特点 ❖ 主产地包括江西景德镇、湖南醴陵、河北唐山、安徽祁门等
青瓷茶具	❖ 主产地包括浙江、四川等，浙江龙泉青瓷为我国历史名瓷 ❖ 造型古朴挺健，因色翠青如玉而著称于世，被誉为“瓷器之花”
黑瓷茶具	❖ 始于晚唐，鼎盛于宋。宋代盛行斗茶之风，黑瓷茶盏用来斗茶最为适宜 ❖ 产于浙江、四川、福建等地 ❖ 以建窑为主

彩瓷茶具 →

- ❖ 亦称“彩绘瓷”，主要有釉下彩瓷和釉上彩瓷两大类，釉下彩始于三国时期东吴釉下彩绘瓷
- ❖ 釉上彩：白瓷坯或生坯，用色料绘饰各种纹饰后，最后在低温窑炉中二次烧造，低温固化彩料而成
- ❖ 釉下彩：先在生坯或经过烘烤后的素坯上用色料进行彩画装饰，再在其上施釉
- ❖ 唐代有唐青花以及长沙窑等釉下彩绘瓷。明清时期开始出现釉上彩（粉彩）

（2）瓷器茶具的选择方法如下表所示。

类 别	选择方法
白瓷茶具	白如玉、明如镜、声如磬、薄如纸为好
	造型规整，无瑕疵
	表面温润洁净，用灯光照射透亮无暇为好
青瓷茶具	古朴挺健，釉色翠青如玉，现今以豆青、深绿釉色、粉青、梅子青釉等为好
	明代龙泉青瓷胎壁厚重，器底粗糙，刻画纹样，线条婉转流畅
黑瓷茶具	胎骨洁白而釉色乌黑发亮
	含铁量较高，烧窑时保温时间较长，因而釉中析出大量氧化铁结晶，形成了兔毫纹、油滴纹、曜变等黑色结晶釉，颇为珍贵
彩瓷茶具	釉下彩：彩色纹饰呈现在瓷器表面釉的下面；彩色画面不暴露于外界，而处于透明釉的覆盖下，粉彩一般摸上去突出感强；浅绛的突出感极弱；沿用青花的绘画风格
	釉上彩：彩色纹饰呈现在瓷器表面釉的上面；装饰上由简单到复杂、颜色由一种到多种，色彩鲜艳光亮，装饰艺术性更强

【实操练习】

根据如下图片,填写下列表格。

1. 请描述图中茶具类别:______________________________

2. 图中茶具的特点及功能:____

____

【考核标准】

项目	分值	要求和评分标准	扣分细则	扣分	得分
瓷器茶具的特点	50	瓷器茶具的特点	1. 未能正确合理讲解瓷器茶具的特点,扣20分; 2. 能基本正确合理讲解瓷器茶具的特点,扣15分; 3. 尚能正确合理讲解瓷器茶具的特点,扣10分		
瓷器茶具的选购方法	50	推介表述正确且合理	1. 向客人介绍瓷器茶具选购方法,表述欠正确,欠合理,扣20分; 2. 向客人介绍瓷器茶具选购方法,表述基本正确,基本合理,扣15分; 3. 向客人介绍瓷器茶具选购方法,表述尚正确,尚合理,扣10分		

【学习总结】

瓷器茶具的分类及特征
瓷器茶具的分类及特点内容
不同瓷器茶具的区别特征及选购原则
实操应用中的心得
关联学习的笔记（瓷器茶具的产地、适用性特点）

3.1.5 不同茶具的特点及养护知识

茶具品种繁多,各具特色。不同种类的茶具特点不一,使用及养护方法也不同。按照功能分类,可分为煮水器、备茶器、盛水器等。按照质地分类,可分为瓷器茶具、陶土茶具、玻璃茶具、金属茶具、竹木茶具等。

【案例导入】茶艺师小王在茶事服务中为顾客冲泡店内新到的碧螺春,顾客见小王选用玻璃杯冲泡碧螺春,为此询问小王为何选用玻璃杯冲泡碧螺春,用玻璃杯冲泡绿茶有何讲究。请从以下几个方面来解答顾客的疑问。

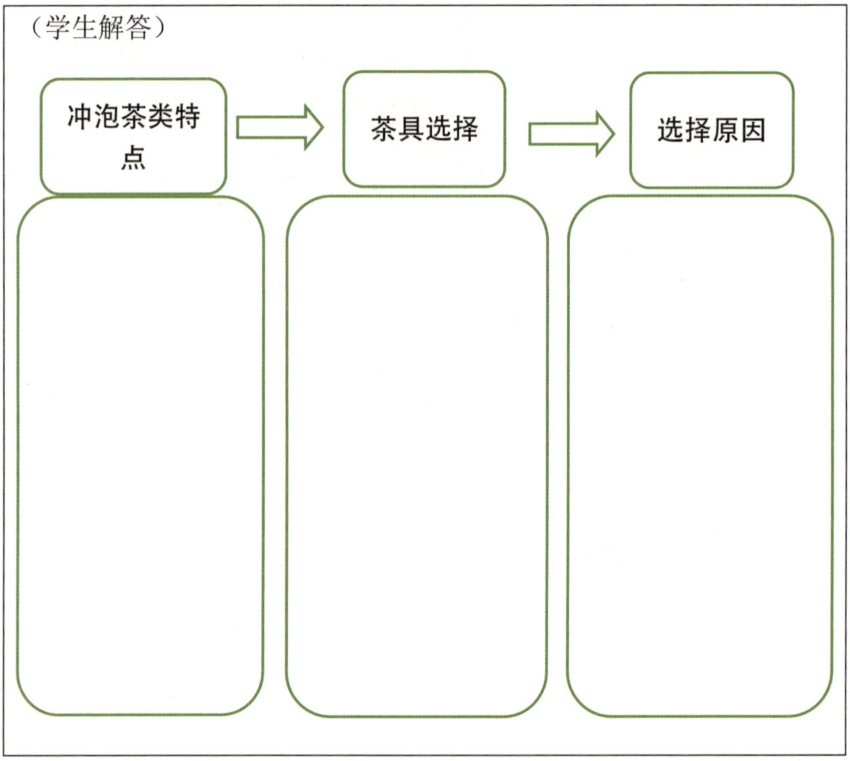

解析：

冲泡茶类特点	→ 茶具选择	→ 选择原因
绿茶类：碧螺春，属细嫩型绿茶，条索纤细卷曲成螺，银毫满披，芽叶细嫩	玻璃杯或白瓷杯	高档细嫩名绿茶，一般选用透明度好的玻璃杯或白瓷杯饮茶，而且无须用盖，不仅增加茶汤与茶叶的透明度，便于人们赏茶观姿；也是为了防止嫩茶泡熟，失去鲜嫩色泽和清鲜滋味

【知识链接】

（1）不同材质茶具的特点如下表所示。

材质类别	特点
陶土茶具	造型多样，可随意创造，色彩古雅，坯质致密坚硬，能保持茶叶的原始风味，保温性能好
瓷器茶具	瓷器釉色丰富多彩，成瓷温度高，无吸水性，造型美观，沏茶能获得较好的色、香、味
漆器茶具	具有独特的艺术魅力，常用作漆茶盘、漆茶罐、茶荷等
玻璃茶具	常见饮茶器具，质地透明、光彩夺目、外形可塑性大、具有一定的观赏价值，适合冲泡名优绿茶
竹木茶具	物美价廉、经济实惠，目前使用较少，常见的有奶茶碗、茶勺等
金属茶具	唐代盛行，现代使用较少，主要是用金、银、铜、铁、锡等金属材料制作而成的茶具

（2）不同功能茶具的特点如下表所示。

茶具类别	特点与功能
煮水器 	指的是“有热源”的茶具，如可用酒精、天然气或者电加热的煮水器。
	煮水器的材质有金、陶、瓷、玻璃、不锈钢、锡、铁等
备茶器 	作用：防潮、避光、隔热、无味
	常见类别：茶叶罐、贮茶罐

续表

茶具类别	特点与功能
泡茶器 	泡茶过程中的主要器皿,如茶壶、盖碗、冲泡盅
饮茶器 	衬托茶叶汤色,品饮茶汤的器具,如茶杯、茶碗、茶盏
辅助用器 	奉茶盘:盛放茶杯、茶碗或茶食等,奉送至宾客前面供其取用的托盘
	茶盘:泡茶时摆放茶具的托盘
	盖置:保持盖子清洁并避免沾湿茶桌,承托壶盖、盅盖、杯盖等物的器具
	茶船:放置茶壶等的承盘
	茶巾:擦拭茶具、吸干残水、托垫茶壶等
	茶荷:敞口无盖小容器,承装茶叶,用于赏茶、投茶等
	茶道六君子:茶针、茶匙、茶则、茶筒、茶漏、茶筒

(3)紫砂壶的使用和保养方法如下所示。

旧壶重泡

每次泡完茶后，将茶渣倒掉，并用热水涤去残汤保持干净

经常擦拭壶，使其焕发本身泥质的光泽，清晰壶表面时，用干净的棉布或柔软的布擦拭后，放于干燥通风且无异味出阴干

【实操练习】生活中茶具茶渍清洗方法如下。

方法一：盐清洗

1.将鲜开水倒入茶杯；
2.加入适量的盐；
3.用牙刷或刷子轻刷几下即可去除茶渍

方法二：小苏打清洗

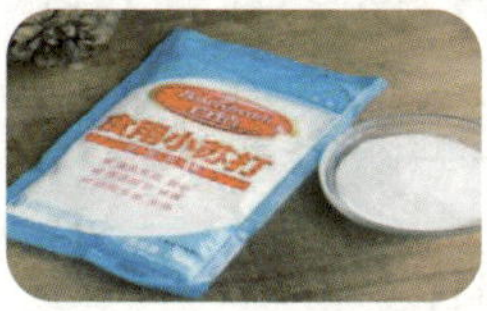

1.准备一小块海绵；
2.将小苏打充分浸入海绵；
3.用海绵轻轻擦拭茶杯除去茶渍

方法三：牙膏清洗

1.准备一小块纱布或干净的牙刷；
2.将牙膏与纱布（牙刷）充分混合；
3.用纱布或牙刷轻轻擦拭茶杯即可

方法四：漂白剂清洗

1.准备漂白剂溶液；
2.将茶杯浸泡于漂白剂溶液中，放置一晚；
3.第二天清洗茶渍即可

【考核标准】

项目	分值	要求和评分标准	扣分细则	扣分	得分
不同茶具的特点	50	熟悉不同功能、材质茶具的特点	1. 未能正确合理讲解茶具的特点,扣 20 分; 2. 能基本正确合理讲解茶具的特点,扣 15 分; 3. 尚能正确合理讲解茶具的特点,扣 10 分		
紫砂壶的使用与养护	50	推介表述正确且合理	1. 向客人介绍紫砂壶的使用与养护,表述欠正确,欠合理,扣 20 分; 2. 向客人介绍紫砂壶的使用与养护,表述基本正确,基本合理,扣 15 分; 3. 向客人介绍紫砂壶的使用与养护,表述尚正确,尚合理,扣 10 分		

【学习总结】

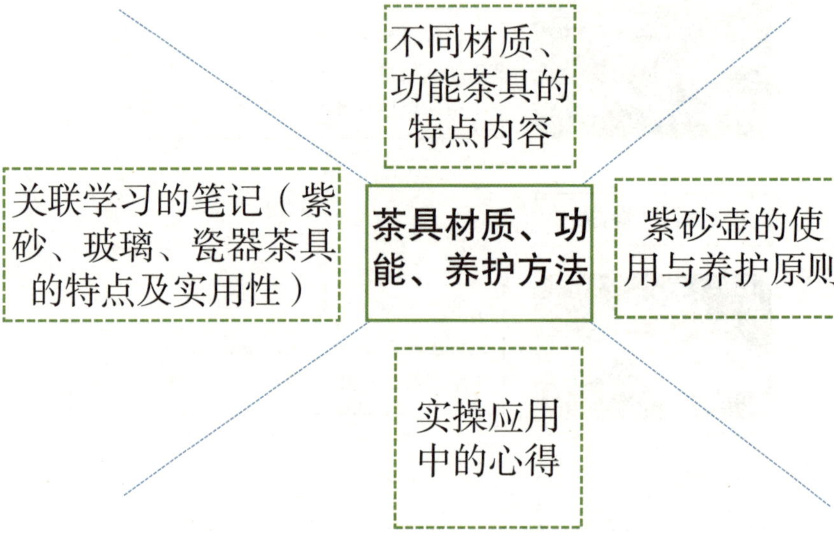

3.2 营销服务

学习导图

营销服务

- ① 茶艺馆营销基本知识
  - 茶艺馆营销的基本方法与营销模式
    - 店内软文广告
    - 全方位营销
    - 开展各种形式、各种类型的促销活动
  - 茶艺馆（茶叶、茶具）的营销策划与步骤
    - 以华祥苑策划的父亲节节日营销为例
- ② 茶艺馆消费品调配相关知识
  - 季节变化与茶艺馆消费品调配原则
    - 因季而异，因人而异，体现养生功效
    - 茶品与茶食茶点需性味相合、视觉相配、根出同源、本性相厚
    - 茶艺服务的方式需突出季节变化的特点
  - 传统节日与茶艺馆消费品调配原则
    - 调配符合各个节假日的民俗心理要求
    - 调配符合茶艺馆的消费群特点，要综合考虑本茶艺馆接待消费人群的消费能力、消费喜好等因素
- ③ 茶事展示活动常识
  - 茶艺馆开展的茶事展示活动形式
    - 参加展销会
    - 茶艺展演
    - 组织茶会

3.2.1 茶艺馆营销基本知识

茶艺馆营销是指茶艺人员针对变化的茶叶市场环境,在满足消费者需求,实现茶艺馆经营目标的商务活动过程中,策划开展的一系列营销活动。包括茶艺馆产品的开发与定价、营销渠道选择、茶艺馆促销活动等。

【案例导入】吴裕泰茶庄推出一款“金牌店长”小游戏,在游戏中可以体验包茶叶包的技艺,游戏结束还可领券购买特惠好茶。请根据该项小游戏的截图,回答问题。

(学生解答)

1. 设计该项小游戏的目的是______________;属于______________营销形式。
2. 该项营销活动中体现了______________的营销元素。

(解答)

1. 设计该项小游戏的目的是<u>促进茶叶的销售</u>;属于<u>游戏体验式</u>营销形式。
2. 该项营销活动中体现了<u>在游戏中引入茶文化</u>的营销元素。

【知识链接】

(1)茶艺馆营销的基本方法与营销模式如下。

店内软文广告

茶艺人员应顺应市场要求,将茶品特别是自制茶品的特质和功效告知客人,使客人有针对性地选择。这既体现了对客人的体贴和关怀,也是一种准定制化服务,更是一种很好的促销方法。

软文广告需注意形式生动活泼,淡化广告色彩,所含知识须客观,不能采用没有科学依据的结论性语言来扩大销售。

全方位营销

做到“无人不营销、无事不营销”。

与茶艺馆相关的所有事物,如一个新闻、一个故事、一场活动、一次会议等,都可以成为营销的工具和手段。

开展各种形式、各种类型的促销活动

借助新媒体工具,如抖音直播、微信小视频等形式,开展各种营销活动。

在节日及销售淡季可采用茶艺展示、书法表演、国画展览、古董陈列或折价推销、奉送礼品等方式吸引客人光顾。

(2)茶艺馆(茶叶、茶具)的营销策划步骤如下。

以华祥苑策划的父亲节节日营销为例。

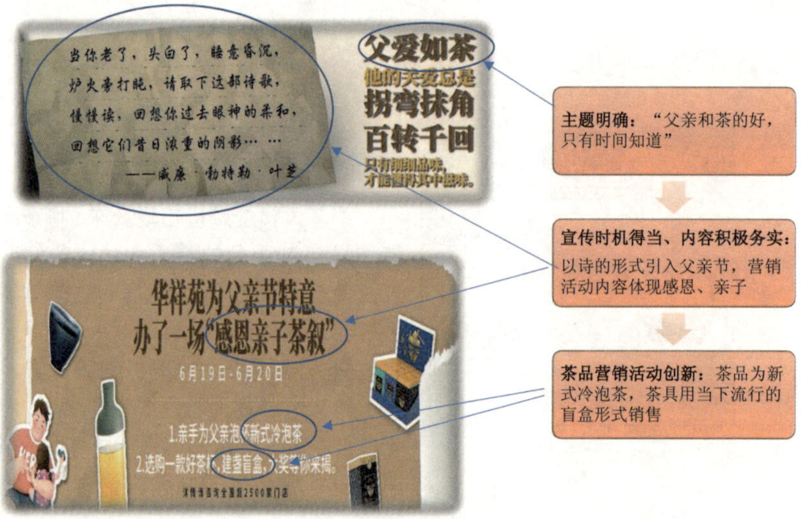

【实操练习】中秋来临之际，请你为某茶艺馆设计一次特殊促销活动，阐明促销活动的目的、推销对象、推销内容。

【考核标准】

项目	分值	要求和评分标准	扣分细则	扣分	得分
茶艺馆营销主题	30	主题恰当，立意新颖，有创造力	1. 主题恰当，立意较新颖，扣2分； 2. 主题欠恰当，立意欠新颖，扣4分； 3. 无主题，立意无创造力，扣6分		
茶艺馆营销的宣传时机与内容	30	宣传适时，内容积极务实	1. 宣传时机得当，不扣分； 2. 宣传时机不妥，扣3分； 3. 宣传内容积极务实，不扣分； 4. 宣传内容有拔高或过于隐晦，扣3分； 5. 其他因素扣分		

续表

项目	分值	要求和评分标准	扣分细则	扣分	得分
茶艺馆营销活动实施	40	营销氛围符合主题需要；如期推出茶品	1. 氛围符合主题需要，不扣分； 2. 氛围与主题欠符，扣 3 分； 3. 推出的茶品价格、质量等适中，不扣分； 4. 推出的茶品价格、质量等欠合理，扣 4 分		

【学习总结】

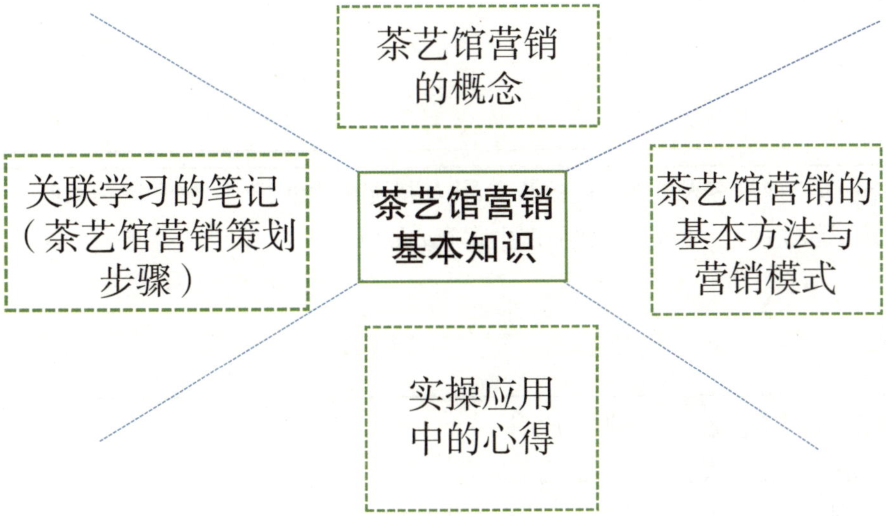

3.2.2 茶艺馆消费品调配相关知识

茶艺馆消费品调配是指茶饮、茶点的调配符合季节与节假日的变化,以及充分考虑茶食相生相克的搭配养生功效。

【案例导入】两位女士来茶艺馆喝下午茶,点了一泡大红袍,茶点搭配了大红袍茶叶蛋和芝士红薯。如果你是茶艺师,对客人的点单有什么建议呢?请说出理由。

(学生解答)

解答:可以建议客人更换搭配的茶点,比如搭配核桃酥、枣泥饼等,因为茶叶蛋和芝士红薯跟茶一起饮用,会导致不消化而产生腹痛或胀气。

【知识链接】茶艺馆消费品调配原则

(一)季节变化与茶艺馆消费品调配原则

- 原则一:因季而异,因人而异,体现养生功效。

- 原则二:茶品与茶食茶点需性味相合、视觉相配、根出同源、本性相厚。

● 原则三：茶艺服务的方式需突出季节变化的特点。

冬季在席面上铺设暖色调的桌旗

一壶温暖的红茶可用小蜡烛保温

（二）传统节日与茶艺馆消费品调配原则

● 调配符合各个节假日的民俗心理要求。

春节茶品调配需要突出团团圆圆、红红火火的意境

● 调配符合茶艺馆的消费群特点，要综合考虑本茶艺馆接待消费人群的消费能力、消费喜好等因素。

平时接待的宾客多为商务型客人，节假日考虑到有商务需求，调配茶品茶点时就要做到精致，富有艺术性。

【实操练习】试分析某茶艺馆茶礼品的调配特点。

该茶礼的调配特点

1. 体现的节日是：______
2. 表达的民俗是：______
3. 适合的消费人群是：______

【考核标准】

项目	分值	要求和评分标准	扣分细则	扣分	得分
根据不同季节调配对应的茶品	30	合理调配茶品	1. 未能正确调配与季节对应的茶品,扣 20 分; 2. 所调配的茶品与季节搭配尚合理,扣 10 分; 3. 所调配的茶品与季节搭配合理,不扣分		
根据不同季节调配对应的茶食茶点	30	合理调配茶食茶点	1. 未能正确调配与季节对应的茶食茶点,扣 20 分; 2. 所调配的茶食茶点与季节搭配尚合理,扣 10 分; 3. 所调配的茶食茶点与季节搭配合理,不扣分		
调配符合节假日的民俗心理要求	30	符合民俗心理要求	1. 消费品调配不符合民俗心理要求,扣 20 分; 2. 消费品调配较符合民俗心理要求,扣 10 分; 3. 消费品调配符合民俗心理要求,不扣分		
消费品调配与客人消费能力匹配	10	符合客人消费能力	1. 消费品调配不符合客人消费能力,扣 20 分; 2. 消费品调配较符合客人消费能力,扣 10 分; 3. 消费品调配不符合客人消费能力,不扣分		

【学习总结】

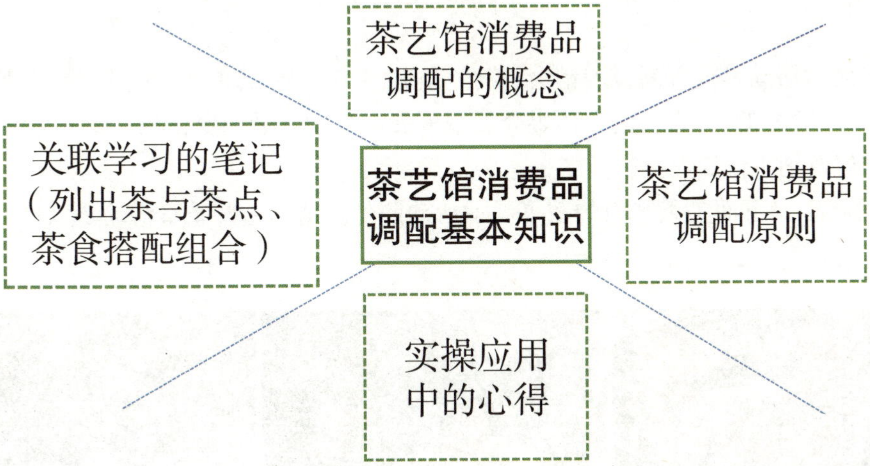
茶艺馆消费品调配的概念
关联学习的笔记（列出茶与茶点、茶食搭配组合）
茶艺馆消费品调配基本知识
茶艺馆消费品调配原则
实操应用中的心得

3.2.3　茶事展示活动常识

茶事展示活动是一种通过展销会、茶会、茶艺演出等形式,来展示成果、风貌、特征的宣传形式,属于微缩的、综合性的宣传媒介。茶事展示活动灵活多变,线上、线下均可进行,是茶艺馆做好营销工作的重要途径之一。

【案例导入】下面是茶艺馆的茶事展示活动照片。请问这些茶事活动是以什么方式呈现的?

茶事活动 1

茶事活动 2

茶事活动 3

(学生解答)

茶事活动 1 的展示方式是____________;茶事活动 2 的展示方式是____________;茶事活动 3 的展示方式是____________。

解答:

茶事活动 1 的展示方式是<u>参加展销会</u>;茶事活动 2 的展示方式是<u>茶艺展演</u>;茶事活动 3 的展示方式是<u>举办茶会</u>。

【知识链接】

茶艺馆开展的茶事展示活动形式主要有参加展销会、茶艺展演、组织茶会。

● 茶事展示活动形式一:参加展销会

其特点是茶品展出,现场讲解,有较强感染力;面向目标市场,与潜在客人有直接沟通的机会;引起现场新闻媒介的关注,宣传扩大茶艺馆的影响力。

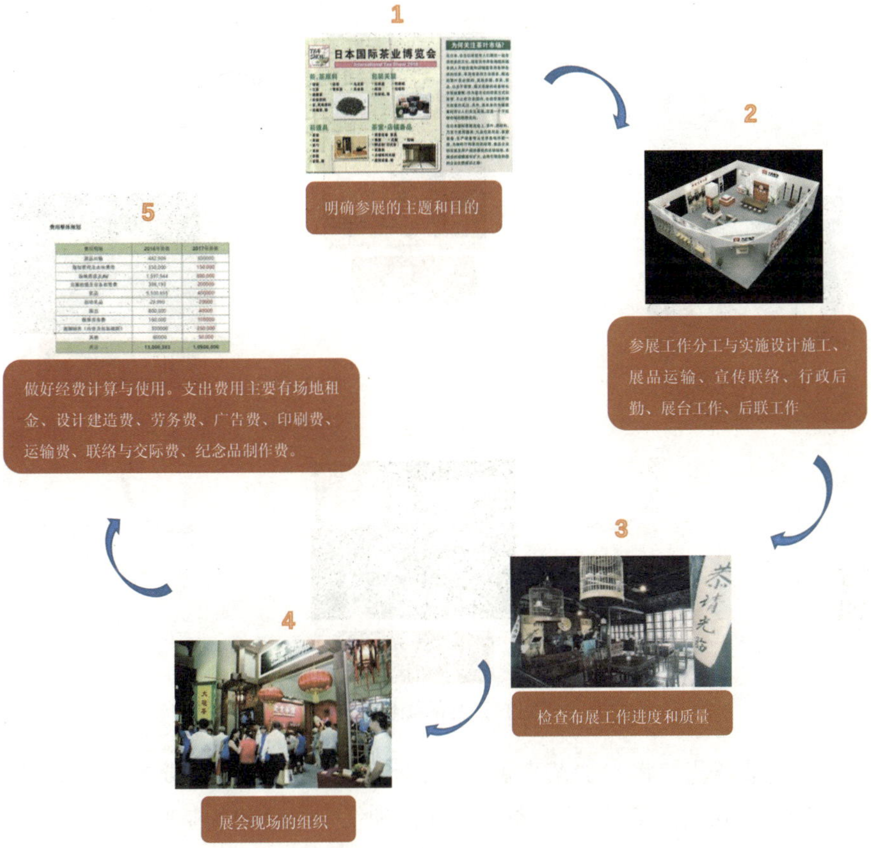

展销会布展操作步骤

● 茶事展示活动形式二:茶艺展演

其特点是具独创性;带有本茶艺馆特色的茶文化符号;可植入茶艺馆产品。

茶艺展演操作步骤

● 茶事展示活动形式三:组织茶会

其特点是主题突出,内容新颖,与客人互动

组织茶会的操作步骤

【实操练习】某茶艺馆将参加茶事展销会,活动预算5万元,主要展出的茶品为武夷岩茶,茶具为紫砂茶具和瓷器茶具,此外茶艺馆还代理了一个品牌的茶服。请写一份茶事展销活动的方案。

【考核标准】

项目	分值	要求和评分标准	扣分细则	扣分	得分
茶事展示活动主题	30	主题突出、新颖	1. 展示活动主题突出,较新颖,扣1分 2. 展示活动主题尚突出,尚新颖,扣3分 3. 展示活动主题欠突出,欠新颖,扣6分 4. 其他因素扣分		
茶事展示活动实施	30	活动整体流程完整、各个环节衔接有序	1. 展示活动流程完整,有序,不扣1分 2. 展示活动流程较完整,有序,扣3分 3. 展示活动流程欠完整、有序,扣5分 4. 其他因素扣分		

续表

项目	分值	要求和评分标准	扣分细则	扣分	得分
茶事展示活动人员培训与宣传	20	人员专业知识培训到位;店内与店外宣传有效	1. 店内与店外宣传资料较齐全,扣 1 分 2. 茶事活动小礼品配备欠缺,扣 1 分 3. 人员培训较熟练,扣 2 分 4. 人员培训欠熟练,扣 4 分 5. 其他因素扣分		
茶事展示活动经费预算	20	兼顾节约与有余地的原则(预备金占总费用的 5%~10%为宜)	1. 预算得当,不扣分 2. 预算超标,扣 5 分		

【学习总结】

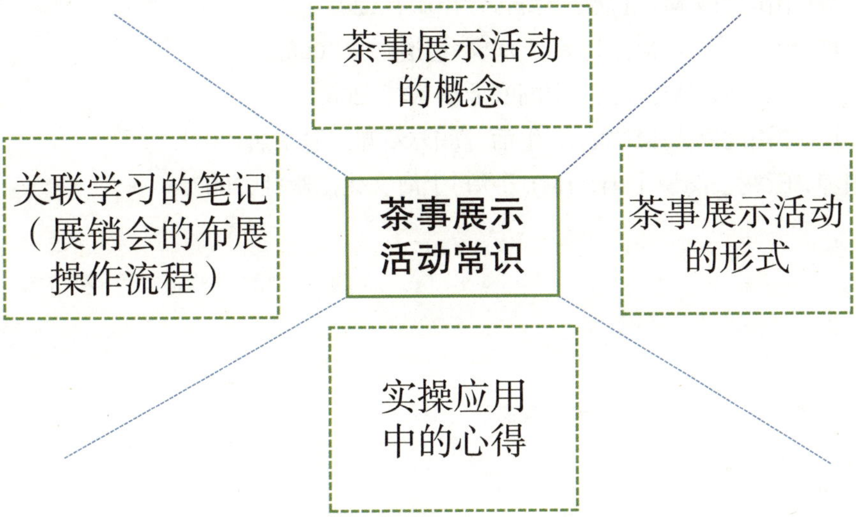

参考文献

[1] 江用文,童启庆. 茶艺师培训教材[M]. 北京:金盾出版社,2008.
[2] 乔木森. 茶席设计[M]. 上海:上海文化出版社,2005.
[3] 常辰,孟娇. 茶流风尚:中式茶空间设计[M]. 北京:机械工业出版社,2020.
[4] 陈焕堂,林世煜. 茶路天涯[M]. 武汉:华中科技大学出版社,2015.
[5] 杨亚军. 评茶员培训教材[M]. 北京:金盾出版社,2009.
[6] 徐秀棠. 中国紫砂[M]. 上海:上海古籍出版社,2017.
[7] 程启坤. 台湾乌龙茶[M]. 上海:上海文化出版社,2008.
[8] 吴觉农. 茶经述评[M]. 北京:中国农业出版社,2005.
[9] 叶喆民. 中国陶瓷史[M]. 北京:生活·读书·新知三联书店,2011.
[10] 姚国坤,王存礼. 图说中国茶[M]. 上海:上海文化出版社,2007.